花の寄せ植え

主役の花が引き立つ組み合わせ

オザキフラワーパーク　監修

池田書店

はじめに

オザキフラワーパークは、園芸植物の生産業からはじまった園芸専門店です。
今では季節の草花、寄せ植えなどを求めて、たくさんの方に訪れていただいています。

寄せ植えは、草花の組み合わせが無限にあり、自分ではじめようにも何から手をつけてよいのかわからないと感じる方も多いと思います。実際に寄せ植えについて質問されるお客様も多く、さまざまなアドバイスをしています。
本書では難しさのハードルを少しでも下げられるよう、はじめに主役の草花を選び、わき役の草花を合わせる実例を紹介しています。
こうすることで選択肢が絞られ、さらに本書で解説しているポイントを押さえておけば、比較的簡単につくれるようになります。

主役の草花はどこの園芸店でも手に入りやすいものを選んでいます。手に入らなかった場合は、似た花姿のものがないか園芸店で気軽に相談してみてください。どこの園芸店でもいろいろと相談に乗ってくれるはずです。

寄せ植えを楽しむ人のために、本書が少しでも役立てられたら幸いです。

オザキフラワーパーク

Contents

←２ページ寄せ植え使用植物
右
ラナンキュラス（ラックス）／ストック／プリムラ・マラコイデス／ビオラ／ネメシア／ロフォミルタス／ヘデラ／オレガノ（ロタンダフォーリア）
左
プリムラ・ジュリアン／ネメシア／クローバー／アリッサム／ヤブコウジ／斑入りキチジョウソウ／コンボルブルス・クネオルム

3章 初夏の寄せ植え

4章 秋の寄せ植え

5章 冬の寄せ植え

寄せ植え植物カタログ

Mini Gardening in a Pot

本書の見方

本書は、春～冬の花で章を分けています。
各章の項目は、花材として利用する花やカラーリーフなどを主役としています。
ここでは2～5章と巻末のカタログページを解説します。

✻春～冬の寄せ植え

❶植物名
一般的な植物名や属名、流通名をカタカナで表記し、同じ仲間のものは（　）内に記しています。

❷使用する鉢
寄せ植えに使用した器の材質、サイズを表記しています。バスケットなどの持ち手は含みません。

❸寄せ植えのポイント
主役の扱い方や特徴、寄せ植えのコツ、手入れの方法など、気をつけたいポイントを解説しています。

❻手順
寄せ植えの作業手順を写真とともに解説しています。

❶ゼラニウム

Geranium

ゼラニウムは品種が多く、花の咲き方、色、大きさなどさまざまです。
園芸店によっては、ペラルゴニウムとも呼ばれます。

❷ ✻使用する鉢
内側がフィルムで覆われたハンギング用の籐かご。下から見ても見栄えがするよう、かごからこぼれるように植える。
幅：30cm
深さ：24cm

❸ 寄せ植えのポイント
・ゼラニウム1株とわき役2株でつくる寄せ植え。ヘデラを株分けし、ところどころに植えて一体感を持たせる。
・花がよく目立つように、わき役はシンプルなグリーンを選ぶ。

❹ ✻プラン
【主役】
❶ゼラニウム×1
【わき役】
❷ヘーベ×1
❸ヘデラ（ライトフィンガー）×1

❺
中央に主役を植え、外側はわき役で固める。ヘデラを株分けして植えることで単調さを解消。

36

❻ ✻手順
1 安定の悪いかごは、別の箱に入れて作業する。主役の花の向きを決め、植える位置を考える。
2 花の向きを調整しながらゼラニウムを植える。やや傾けて鉢から葉がこぼれるように植える。
3 ヘーベは葉が正面を向くようにし、左側に植える。
4 ヘデラを細かく株分けする。土はほとんど落としてもよい。奥の両端と正面右側に植える。
5 土を入れて棒で突き、すき間に土を詰める。
6 水やりをし、乾燥防止に、寄せ植えの周囲に湿らせた水ゴケを詰める。

2章 春の寄せ植え　ゼラニウム

❼ アレンジ

グリーンで引き立てる
主役の花を引き立てるリーフ類をわき役に採用。リーフ類は主役の葉と形状の違うものにし、変化をつける。ハゴロモジャスミンは主役の足元で白い花を咲かせる。
❶ゼラニウム●／❷バーゼリア●／❸ハゴロモジャスミン●

白色で統一する組み合わせ
花の大きさの違う白色の花を組み合わせ、わき役のグリーンも白色の入ったもので花と一体感を持たせる。白色で統一することで、清楚なイメージに。
❶ゼラニウム○／❷ナツメグゼラニウム○／❸バコパ（スノートピア）○／❹ベアグラス○

37

❹プラン
寄せ植えに利用する植物名と数を記しています。園芸品種名や商品名がわかるものは、植物名のあとに（　）で記載しています。

❺植栽図
使用する植物の植栽位置を図で示しています。数字はプランで表示している植物名とリンクしています。

❼アレンジ
主役の花を使ったアレンジ例を紹介しています。使用した植物名は写真内に記した番号とリンクしています。

❶
ダイアンサス（ナデシコ）
ナデシコ科　多年草　高広　❷
花期 4月～8月
高さ 10～60cm　花色 ●●○

品種が非常に多く、花色や開花期、草丈などもさまざま。ビビッドな色合いや花びらの縁がギザギザとしている花姿は、存在感抜群。❸

✻寄せ植え植物カタログ

❶植物名　一般的な植物名や属名、流通名をカタカナで表記しています。

❷植物データ
科名：植物分類学上の科名。
タイプ：一年草、二年草、多年草、宿根草、球根植物、低木に分け、成長のタイプ（→ P10）は次のようにアイコン化しています。高：高くなる、茂：茂る、垂：垂れ下がる、広：広がる

花期：開花期、鑑賞期を表しています。関東以西の平地を基準にしていますが、その年の天候、栽培する品種などで前後することがあります。
高さ：寄せ植えに使用した場合の高さを表しています。
花色：品種を含めた主な花色を表します。

❸特徴　植物に関する特徴や寄せ植えでのポイントを解説しています。

1章

寄せ植えの基本

寄せ植えをはじめる前に、植物の性質や
色の考え方などを覚えておきましょう。
基本的にはどの植物でも考え方は同じです。

寄せ植えの基本

寄せ植えは、気に入った花を主役にしましょう。主役の花が決まれば、あとは主役をどう引き立てていくかが基本になります。ポイントは４つです。

花の色や形など、主役の花１種類を決めて寄せ植えにする。

Point ❶ 使いたい「主役」を決める

はじめに主役の花をひとつ決めましょう。主役は複数でも寄せ植えはできますが、数が増えるほど難易度が上がります。主役を決めるうえで大切なポイントは、見た目が好みかどうかです。花の色、形など気に入ったものを選んだら、花期や性質、成長後の高さなどを調べます（→ P10、P148 ～ 152）。

高さを出す寄せ植えは正面を決め、立体的な仕上がりにする。

茂る寄せ植えは主役を複数使う。どこから見ても見栄えがよい。

Point ❷ 「タイプ」を決める

次に花の高さや性質から、寄せ植えのタイプを選びます。基本的なタイプは「高さのある寄せ植え」「茂る寄せ植え」の２つに分けられます。高さのある寄せ植えは、立体的で正面がはっきりしています。茂る寄せ植えはこんもりと茂るように植え、どこから見ても楽しめます（→ P15）。

Point ❸ 「わき役」を選ぶ

主役をより引き立てるわき役を選びます。全体にどのような寄せ植えにしたいか、主役の花の形や色、大きさを生かすわき役を組み合わせます。主役単体で寄せ植えにすると単調になるので、タイプの違う草花と合わせることで、花の色や葉の形などに変化がついた寄せ植えになります(→ P10、153 ～157)。

わき役に主役の花と反対色を組み合わせたパターン。

主役と似た色で別の花を組み合わせたパターン。

鉢と寄せ植えとの境には垂れるタイプのわき役を植える。

Point ❹ 「鉢」を選ぶ

植える草花が決まったら鉢を選びます。わき役の草花と同様に、主役の花を生かす色、質感の鉢にしましょう。鉢の大きさは、苗の土を落とす量によって変わります。苗が入る大きさか、ひとまわり小さなものを選びます。テラコッタ(素焼き)、セメントなどの材質は重くなるので、移動や手入れのしやすさも選ぶポイントとなります(→ P16)。

テラコッタの鉢はナチュラルな雰囲気で多くの寄せ植えに合う。

ブリキの鉢は軽く、色が豊富で、アンティーク感を持たせやすい。

草花の選び方

寄せ植えをはじめる前に、使いたい草花のタイプや開花期を調べます。タイプは苗を見れば推測できます。開花期は巻末カタログ(→P148 ～)や購入先で確認しましょう。

草花のタイプと使い方

▲高さがあるタイプ

成長すると高くなり、比較的まっすぐ伸びるタイプ。寄せ植えでは高低差をつけて立体的にする場合に利用する。鉢奥や中央に植えて上段、中段をつくる。

主な草花 イングリッシュラベンダー、エリカ、ジギタリス･オブスクラ、ダリア、ルピナスなど

▲茂るタイプ

こんもりとした姿で、成長後は全体に茂るタイプ。同じタイプを使って茂る寄せ植えや、高さのある寄せ植えの中段、下段に利用する。

主な草花 エニシダ、カリブラコア、クローバー、ジニア、ネモフィラ、ペチュニア、ビオラなど

▲垂れ下がるタイプ

横や下へ広がり、鉢の外側へ垂れるように伸びるタイプ。寄せ植えでは鉢の縁に植え、植えつけ面と鉢との境界をなくして自然に見せる。

主な草花 アリッサム、グレコマ、ハゴロモジャスミン、ヘデラ、リシマキア、ワイヤープランツなど

▲広がるタイプ

上または横へ広がるように伸びるタイプ。株数が少ない寄せ植えでボリュームを出したり、寄せ植えに動きや流れをつくるときに利用する。

主な草花 イベリス、オレガノ、カルーナ、カレックス、バコパ、マーガレット、ブラキカムなど

草花を選ぶポイント

✱ よい苗と悪い苗の見分け方

よい苗と悪い苗の見分け方はどの草花でも基本的には同じです。
よい苗を選んで育てることが、寄せ植えを長持ちさせるポイントのひとつです。

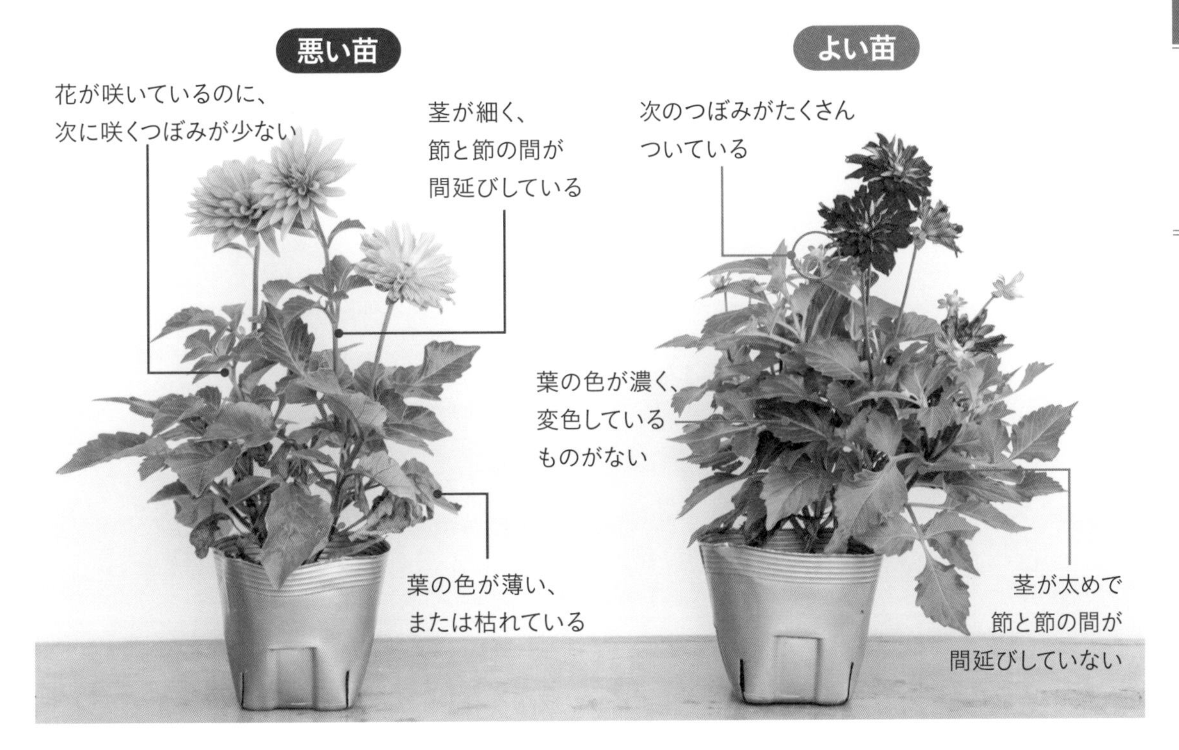

植物の性質を調べる

タネまきから花が咲いて１年以内で枯れるものを「一年草」、２年以内に枯れるものを「二年草」といいます。また、一般に地上部が枯れて再び成長するものを「多年草（宿根草）」「球根植物」といいます。本来、多年草でも１年で枯れてしまうものは一年草として扱います。このほか庭木でも利用される「低木」が寄せ植えでは使われます。

ガーデンマム・ジジを主役にした寄せ植え。わき役は多年草、低木を利用。

開花期を調べる

開花期は草花によって違い、春・秋に咲くもの、春・秋どちらかだけに咲くものなどがあります。苗にラベルがあれば開花期がわかりますが、なければ園芸店のスタッフにたずねましょう。開花期が重なる草花を組み合わせれば、たくさんの花が咲く寄せ植えになります。反対に花期をずらせば、花が途切れず長期間楽しめます。

花期が重なるマーガレット、ネメシア、バコパを組み合わせて豪華な寄せ植えに。

色の組み合わせ

寄せ植えのイメージを左右する花や葉の色。その色の組み合わせによって、印象はがらりと変わります。どのように色を組み合わせればよいのか、ヒントを紹介します。

色のとらえ方

色の明度や彩度が違うことで、与える印象が変わる。色のトーンを合わせることが大切。

色使いのルールが色合わせのコツ

色の組み合わせを考えるときには、まず主役となる花の色を見ます。そして、その色に合ったわき役の花や葉を組み合わせるのが基本です。このとき色使いのルールに従うと、失敗のない寄せ植えになります。

色使いのルール

- **同系色、または類似色でまとめる**
- **反対色を入れて主役を引き立てる**
- **色のトーン（明るさの度合い）を合わせる**
- **色数を 2 色または 3 色に絞る**
- **色のつながりから配色する**

色相環で色の特徴を知る

色使いのルールのもと、実際に色の組み合わせを考えるときに参考となるのが、色相環です。色相環は、白・黒・灰色を除き、色相を環状に配置したもの。隣り合う色同士は「類似色」、対角線上にある色は「反対色」、正三角形を結ぶ位置にあるものは「3 色配色」となり、相性のよい組み合わせの色となります。

反対色（補色）
色相環で向かい合って位置する色のこと。お互いの色を際立たせる効果がある。

同系色
同じ色合いで、明度や彩度が違う色のこと。調和しやすく、統一感が生まれる。

類似色
色相環で隣り合う色のこと。色のなじみがよく、調和しやすい性質を持つ。

白・黒
いわゆるモノトーン。どの花色とも組み合わせやすく、ほかの色とのつなぎ役や、引き立てる効果がある。

暗い ⟷ 明るい

明度
色の明るさの度合い。明度が高いとやわらかさや明るさを感じ、低いと重厚感やシックな印象。

高い ⟷ 低い

彩度
色の鮮やかさの度合い。彩度が高いと派手なイメージ。低いと落ち着いた印象になる。

花に含まれる色で「色つなぎ」

花の中心は花びらと違う色をしていることがあり、いくつかの色が含まれていることがあります。花に含まれている色と同じ色を持つ植物と組み合わせて色をつなげるのも一案です。色をつないだ寄せ植えは、まとまりよく調和します。

複色
複数の色が入った花色。この花を主役にする場合、オレンジや紫色の花やカラーリーフと合わせるのがおすすめ。

覆輪
花の縁などに白色や黄色の模様が入る。共通する色の要素があるものを組み合わせる。

▲同系色の寄せ植え

紫色の同系色でまとめ、色のグラデーションを意識。同系色は単調になりがちだが、斑入りのリーフでメリハリをつけ、シックな仕上がりに。

▲類似色の寄せ植え

赤、ピンク、黄色の類似色の組み合わせ。花の中心部のライムグリーンとカラーリーフの色、明度を合わせることで、調和をとっている。

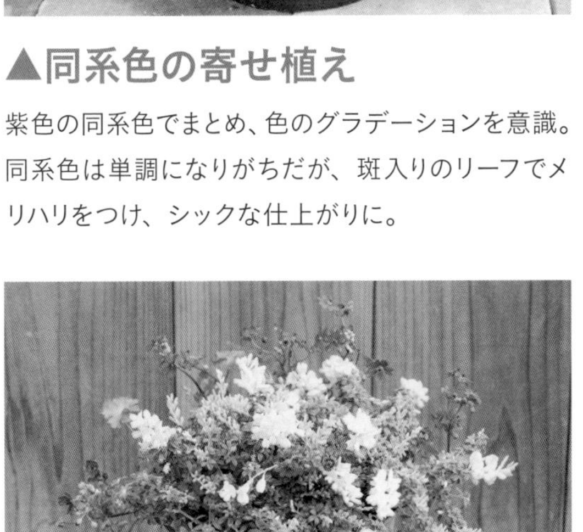

▲反対色を入れた寄せ植え

青い花、濃いグリーンのリーフで黄色い花を引き立たせる。反対色を組み合わせた寄せ植えでは、色のボリュームに差をつけることがポイント。

▲白で統一した寄せ植え

花色を白１色で構成。さまざまなグリーンのリーフ類が白い花を際立たせ、清潔感のあるさわやかな印象に。色数を絞ると失敗が少ない。

レイアウトのコツ

寄せ植えは、基本的に「高さのある寄せ植え」と「茂る寄せ植え」に分けられます。
どちらも基本のポイントを押さえれば比較的簡単につくることができます。

レイアウトを決める前に

鉢の正面を決める

無地の円形の鉢は基本的にどこが正面でも構いません。文字やワンポイントの模様がある場合は、その面を正面にします。正方形の鉢は角を正面にするとすっきりと見えます。平面の部分を正面にすると鉢の立体感が出ず、単調な印象になります。

文字が 2 カ所にある場合は、どちらかを正面にする。その間を正面にしてもよい。

正方形の鉢は平面部分を正面にするより、角を正面にしたほうが立体感が出る。

草花の正面を決める

多くの草花は日の当たる方向に花や葉が向くため、その面が正面となります。レイアウトを決める前に花の向きや枝葉の広がりを確かめて、より多くの花や葉の面がきれいに見える位置を正面に決めます。

正面

花の正面。多くの花が見え、見栄えがよい。

背面

花の背面。ほとんどの花が見えず、見栄えが悪い。

レイアウトを考える

レイアウトのコツは、整えすぎないように配置することです。きれいに並べるよりも多少崩したほうが、奥行きが出ます。また、色についても同様に考え、同じ濃さ・色のものはある程度離し、色が違うもの同士が隣り合うように組み合わせると自然に見えます。

右の緑のプリムラ・ジュリアンが中央だと間延びし、左の赤が中央だとほかの花が映えない。

茂る寄せ植え

▲対角線上に配置する

茂る寄せ植えでは、円形の鉢に偶数株を植える場合、同じ形・似た系統の色の草花を対角線上に配置します。

▲三角形に配置する

同様に、奇数株のときは、上から見て三角形になるように配置します。中心部分にはリーフを植えてバランスを取ります。

高さのある寄せ植え

▲上・中・下段に配置

高さの違う草花を、上段、中段、下段と分けて、高低差をつけて組み合わせます。こうすることで、正面から見たときに奥行きが出て、立体感のある寄せ植えになります。

▲立体的に見せる

高さのある寄せ植えでは、規則的に上段から下段まで配置すると硬いイメージになります。ある程度不規則になるようにレイアウトすることで自然に見えるようになります。

器の選び方

器の素材や形状、色によって、寄せ植えの表情が変わります。また、植物を育てる上での相性もあります。器の特徴を知り、イメージとマッチした器を選びましょう。

テラコッタ（素焼き）

通気性、排水性、吸水性、耐久性に優れているのが特徴で根腐れしにくい。ナチュラルな風合いはどんな植物とも相性抜群。

プラスチック

色や形、サイズなどデザインも豊富なうえ、価格の安さも魅力といえる。非常に軽いので、持ち運びにも適している。

木製

ナチュラルな素材感で人気が高い。木は、水が当たると腐食するため、防腐処理加工済みのものがおすすめ。

グラスファイバー

ガラスを繊維状にして樹脂で固めているため、耐久性に優れる。色、デザインともにバラエティに富み、おしゃれな雰囲気。

ブリキ

どんな植物にもマッチし、塗装もできるのでリメイクして使っても。熱が伝わりやすいので、置き場所に注意する。

陶器

さまざまな色があり、植物と色を調和させるとセンスアップ。通気性が悪いため乾燥を好む植物には不向き。

コンクリート

石のような重厚感は、クールでスタイリッシュ。耐久性はあるが、高温になりやすいので置き場所に気をつけること。

石

盆栽などに用いられることが多い石鉢。寄せ植えに使うと野趣あふれる印象となり、和のテイストの寄せ植えにぴったり。

ハンギング・リース

バスケットが半球や円形になっていて、ハンギングできるのがポイント。リースは丸形が一般的だが、ハート形、星形などもある。

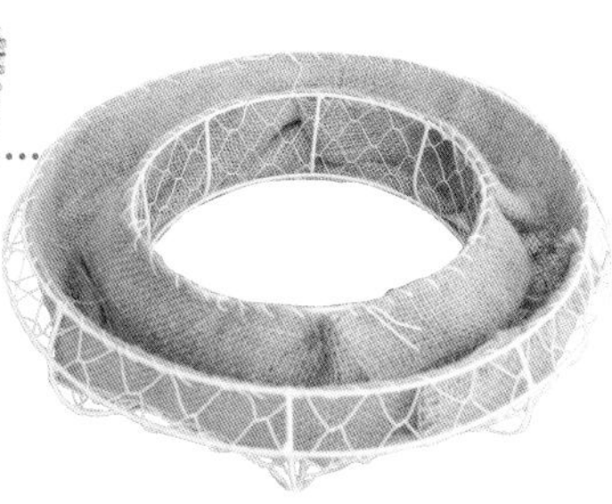

籐製

自然素材でナチュラルな雰囲気づくりに最適。フィルムつきが一般的で、底に切り込みを数カ所入れて水が流れるようにする。

スリットバスケット

鉢に深いスリットが入り、スポンジを設置する。そのスポンジに草花を挟み込めば、草花で覆われた寄せ植えができる。

苗の扱い方

どの植物でも根をできるだけ切らずに残せば、その後の成長も順調に進みます。
枯れ葉があれば必ず摘み取り、風通しをよくする場合は下葉を摘みます。

部位の名前

苗をポットから取り出したときに、根と土が一緒になっている部分を「根鉢（ねばち）」といいます。また、土の上部と株の根元部分は「株元（かぶもと）」、株元に近い部分の葉は「下葉（したば）」といいます。

苗の取り出し方

多くの苗はポリポットに入った状態で出回っています。苗を取り出すときは、苗が落ちないように支えて傾けます。ポットの底を持って苗をポットから取り出します。

1 苗が落ちないように傾ける。

2 ポットの底を持って取り出す。

下葉を整理する

苗の株元の葉が折れていたり、枯れて変色している場合は、病気の原因にもなるので、つけ根から摘み取ります。葉が反って土についているものも同様に摘み取ります。また、草花によっては蒸れを防止するためにあらかじめ下葉を整理します。

葉が反って土につくものも、つけ根から摘み取る。

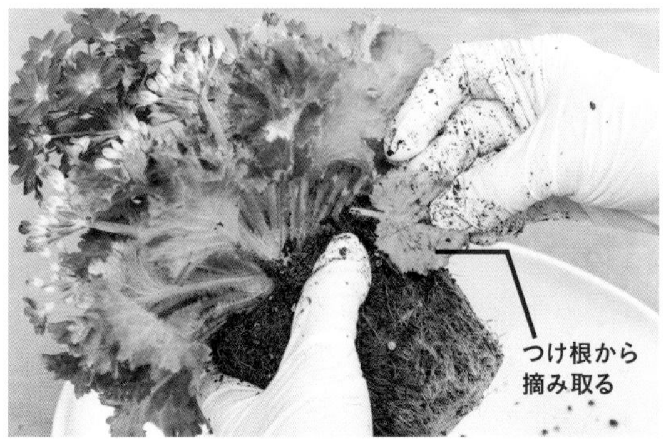

苗を取り出したら、折れている葉や枯れている葉などをチェックする。葉のつけ根を持って摘み取る。

根鉢の土を落とす

寄せ植えでは根をできるだけ切らないように、土を軽く落としてから植えつけます。土を落とし根を広げることで、生育がよくなります。根はポットの底で回っているものが多く、この根を軽くほぐしておくと植えつけ後に根が伸びやすくなり、その後の成長もよくなります。また、一部のつるが伸びるものや低木などの細い根が少ないものは、たくさんの土を落とすこともできます。

1 底で回っている根は、広げるようにほぐす。

2 根のひっかかりがない根鉢表面、側面の土を慎重に落とす。

土の表面にコケが生えていたら、養分がコケに取られるので必ず取り除く。

3 土を落とすことで根が伸びやすくなり、植えつけスペースも多少広がる。

株分けをする

ポットに数本の株が植えてあるもの、または根を切ってもダメージの少ないものは、株を2つ以上に分ける「株分け」をすることができます。株分けの利点はレイアウトの幅が広がることです。とくに主役の花にスペースが割かれている場合、わき役の根鉢はできるだけ小さいほうがよいといえます。

1 1ポットに複数の株が出るものは株分けが可能なものが多い。

2 根鉢の中央部分を持ち、できるだけ根を残すように分ける。

株分けで使いやすい主な植物

- アジュガ
- カリブラコア
- クローバー
- グレコマ
- コクリュウ
- フィカス・プミラ
- ハゴロモジャスミン
- テイカカズラ
- ワイヤープランツ
- カレックス
- ロニセラ
- ヘデラ
- ラミウム
- ロータス

3 ヘデラの場合は1株ずつ分けることができる。株分け後は、枝の流れがわかるように並べておくと使いやすい。

寄せ植えのつくり方

主役の花を選んだらどのような寄せ植えにしたいかイメージを固めます。
そのイメージに合ったわき役の草花、器を選び、寄せ植えをつくります。

寄せ植えの準備

1 鉢底ネットを敷く

害虫の侵入や土が流れるのを防ぐために鉢底の穴に鉢底ネットを敷きます。鉢底の穴に合わせて、鉢底ネットを切ってすべての穴をふさぎましょう。

2 鉢底石を入れる

鉢底石は、水はけをよくするために入れます。軽い鉢底石を使えば、鉢の重さも軽減。鉢底石は、鉢の底が見えなくなるまで入れます。

3 培養土を入れる

寄せ植えや園芸用の培養土（ばいようど）には、肥料入りのものと肥料のないものがあります。培養土は、鉢の1/3～1/2まで入れ、苗を入れたときに根鉢が鉢の縁2cmになるように調整します。

4 肥料を入れる

肥料が含まれていない培養土は、肥料を入れて軽く土と混ぜておきます。肥料は草花用のものなどを使用し、パッケージに記載された適量よりやや少なめに施しましょう。多すぎると株が弱る原因になります。

基本の寄せ植え

1 レイアウトを考える
鉢・花の正面を決め、主役・わき役の配置を考えます。色の並びや形が単調にならないように注意します。

2 苗の手入れをする
枯れ葉や折れた葉は植えつけ前に摘み取ります。蒸れ防止のために摘むこともあります。

3 土を落とす
根を切らないように底の根をほぐし、株元や側面の土を取り除きます。ここまでほかの苗も同様に作業します。

4 主役を植える
基本的には、主役から植えていきます。植えた段階で花の正面や位置など問題ないか確認して調整します。

5 わき役の土を落とす
土を落としても問題ないわき役は、土を落として根鉢を小さくし、植えやすいように整えます。

6 わき役を植える
高さがそろわない場合は土を入れて高さを調整してから植えます。鉢から垂らしたい場合は、やや傾けます。

7 土を入れる
すべて植えたら土を入れます。土は、水やりスペースを確保するため、鉢の縁 2cm まで入れます。

8 棒で突く
土を入れた部分を棒で突き、土を詰めます。さらにすき間ができたら土を足して棒で突くことを繰り返します。

9 全体を整える
葉が絡んでいる部分を広げるなど、見栄えよく調整します。花や葉、鉢に土がついていたらきれいにします。

10 水やりをする
植えつけ後に根と土が密着するように、底から水が流れ出るまでたっぷりと水やりをします。

11 見栄えをよくする
土が見えて見栄えが悪いようなら、パームファイバーや水ゴケを敷きます。水ゴケは乾燥防止にも役立ちます。

12 完成
すべての作業が終わったら完成。鉢の正面を手前に向けます。

寄せ植えの管理

寄せ植えを長く楽しみ、美しい姿を維持するには、こまめな手入れが欠かせません。水やりや花がら摘み、肥料の与え方など、管理方法を覚えましょう。

水やり

水やりは、土が乾いてからたっぷりと、鉢の底から水が出るまで与えるのが基本です。水やりが少なくてもよい植物の場合でも同様に水やりします。水やりをするときには、花や葉にかからないよう株元に与えるようにしてください。

鉢の底から水が流れ出るまで与える。

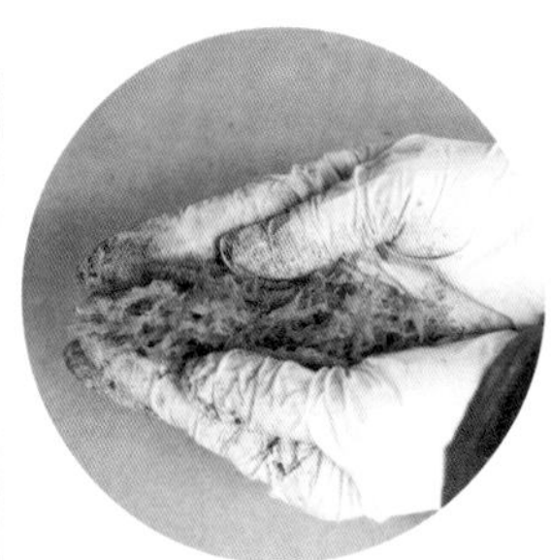

水ゴケはあらかじめ湿らせておき、敷く部分に合わせて形を整える。

乾燥防止

土の露出している部分に、水で湿らせ軽く絞った水ゴケを敷き詰めるようにします。乾燥時期や、土が露出して見栄えが悪いときに行いましょう。水ゴケを敷くことで、土表面からの水分の蒸発を抑え、乾燥を防ぐことができます。

花がら摘み

花がらとは、枯れた花や咲き終わったあとの花のことです。そのままにしておくと見た目も悪く、花つきが悪くなってしまいます。花がらを摘むときには、花茎から切り取ります。茎が長い場合は、下葉を残し、花茎の根元から切り取りましょう。

成長して花が終わったものは早めに摘み取る。

花がらを摘むことで病気の予防にもつながる。

切り戻し

切り戻しは、寄せ植えの美しい姿を保ち、株を若返らせ、花芽を増やすために行います。適期は、春植えの草花は梅雨明けと晩夏、秋植えの草花は年末と早春です。整えたい形を意識して、1茎ずつ、節の上で切るようにします。切り戻したあとは肥料を与えるのを忘れずに。

植えつけ後

切り戻し前

生育に最適な季節には、茂りすぎて本来の姿を保てなくなる。

切り戻し後

切り戻して姿を保ち、風通しもよくなる。

肥料の基本

固形肥料

固形の状態の肥料のこと。骨粉、油かすなどを固めてつくる有機肥料と、チッ素、リン酸、カリなどを化学的に合成した化成肥料があります。有機肥料は効果がゆるやかに、長く続きます。化成肥料は長期間効き目を発揮する、草花用のものを使いましょう。

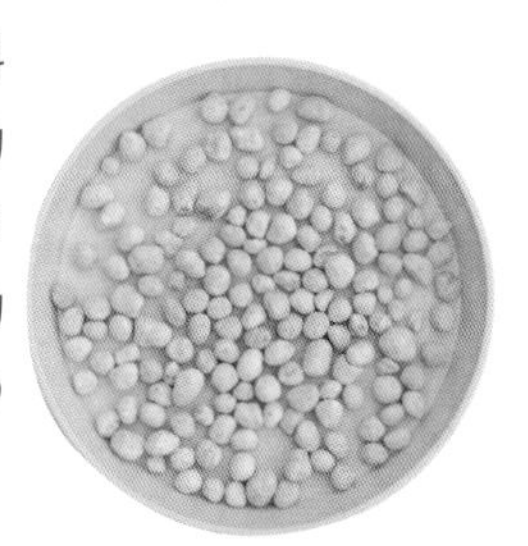

固形肥料の使い方

粒状タイプは茎葉に触れないように株元に均等にばらまき、軽く土と混ぜるように与えます。固形タイプは、株元から離して等間隔に置き、浅く埋め込むようにしましょう。タイミングは1～2カ月に1回。冬の時期は2カ月に1回が目安です。

液体肥料

液体の状態の肥料で、植物がすぐに吸収できるため、効果が現れるのが速く、植物の状態に合わせて調整できるのが特徴です。おもに追肥に用い、薄く希釈した液肥を水やりがわりに与えると、根を傷めることがありません。

液体肥料の使い方

次々に花が咲く植物や、生育が早い植物は、7～10日に1回、液体肥料を与えるのが効果的。ハンギングの場合は植えつけて10日後、根が落ち着いたら液肥を与えます。液体肥料を与えるときは、ジョウロに移し替え、株元に与えるようにします。

寄せ植えのアイデア

どんな寄せ植えにしたいか、あらかじめテーマを決めておくとつくりやすいでしょう。このページでは、さまざまなテーマで作成した作品例を紹介します。

バスケットいっぱいの花

春の花をバスケットいっぱいに詰め込んだ寄せ植え。上段に花数の多いダイアンサスと、中段に同系色で縁取られたナデシコをバランスよく配置。わき役のアンドロサセ、ラグラス、シンバラリアが春風にそよぎます。

❶ダイアンサス（パープル・ウェディング）●／❷ナデシコ（オリビア）●／❸アンドロサセ○／❹ラグラス●／❺シンバラリア●

香りのハーブ園

イングリッシュラベンダー、セージ、タイムを合わせたハーブの寄せ植え。主役の花を生かすため、主役よりも大きな花は使わずタイムの小花とグリーンで構成。優しくなでるとよい香りが漂います。

❶イングリッシュラベンダー（しずか）●／❷セージ（トリカラー）◐／❸コモンタイム●／❹カリシア・レペンス●

見て・食べて楽しむ

花も葉も食べられる、ピリッとした辛味のナスタチウムを主役に、エディブルフラワーのビオラ、野菜のマスタードやパセリ、スイスチャードなどを盛り込みました。見ても食べても楽しめる寄せ植えです。

❶ナスタチウム●●●／❷ビオラ（エディブルフラワー）●◐／❸スイスチャード●／❹マスタード●／❺パセリ●／❻ワイルドストロベリー（ゴールデンアレキサンドリア）●／❼オレガノ（ケントビューティ）◐

器とともに見せる

ハンギングにもできる、鳥かご風のワイヤーバスケットにミニバラを植えて。個性的な器はそれだけで目を引きます。淡い花色のミニバラを主役にしたので、上から見下ろす位置に飾ると花がよく見えます。

❶ミニバラ（グリーンアイス）●／❷バーベナ（桜スター）●／❸カリブラコア（ティフォシー・ローズピンク）●／❹カリブラコア（アンティーク No.29）●／❺ヨモギ（アルテミシア）◐

和風の寄せ植え

涼し気な青紫のキキョウと和テイストのコリウス、ヒメタカノハススキ、ヒューケラを添えて。寄せ植えの素材だけでなく、鉢も和テイストの陶器を使い、全体に落ち着いた配色で仕上げます。

❶キキョウ／❷コリウス（ブラックマジック）／❸ヒメタカノハススキ／❹ヒューケラ（ドルチェ・チョコミント）

おしゃれな正月飾り

縁起物のナンテン、万両をあしらった寄せ植え。万両の実とポリゴナムの丸い花、プリムラ・マラコイデスとオタフクナンテンで、それぞれめでたい紅白模様にしました。

❶プリムラ・マラコイデス（アラカルト・シュシュ）／❷万両（千鳥綿）／❸オタフクナンテン／❹ポリゴナム

クリスマスツリーに変身

シンボル的なコニファーを別の種類に替えてクリスマスツリーに見立てます。主役がガーデンシクラメンからコニファーに変わります。

❶ガーデンシクラメン／❷コニファー→／❸スキミア／❹ケール／❺ヘデラ

寄せ植えQ&A

寄せ植えをやってみると「こんなときどうしたら……」といった疑問が生まれてきます。このページではQ&A形式で、よくある疑問にお答えします。

Q はじめてつくるときは、苗はどのくらい購入したらよいのでしょうか？

A 3～4株の寄せ植えからはじめてみましょう。

はじめて寄せ植えをつくるときは、3～4株からはじめましょう。少ない株数なら比較的簡単にできます。おすすめは、茂るタイプの主役❶、広がるわき役❷、垂れるわき役❸の組み合わせです。

3株違うタイプの草花を、三角形になるように植えれば自然に見える。

Q 花が茂りすぎてしまうのですが……。

A 成長後のスペースを考えてつくりましょう。

寄せ植えの失敗でよくあるのが、苗の詰め込みすぎです。寄せ植えは成長した姿をイメージしてつくることが基本です。はじめはスカスカ気味でも成長後にちょうどよくなるよう、詰め込みすぎないようにします。

植えつけ直後 ───→ 3週間後

植えつけ後は寂しい印象でも順調に生育すればちょうどよくなる。

Q 鉢の選び方がわかりません。

A はじめは花色と近いものを選びましょう。

鉢を選ぶときは基本的に花を生かす色を選びます。失敗しないコツは花色、または花の一部の色と同系色のものを選ぶことです。また、ナチュラルな感じを出したいならテラコッタなど落ち着いた色の鉢を合わせます。

主役の花色と同系色の鉢を合わせれば失敗が少ない。

Q 病害虫対策を教えてほしい。

A こまめにチェックし取り除くのが基本。

病害虫対策の基本は寄せ植えの状態をこまめに見回ることです。虫を見つけたら割り箸などで取り除き、病気が出た葉は摘み取ります。被害がひどい場合は、早期に適応のある薬剤を散布します。

害虫、病気が出たらすぐに対処する。

Q 色の合わせ方がわかりません。

A 同系色なら失敗が少ないです。

花色の組み合わせは無限にあるといえます。はじめはグラデーションになるよう、同系色の寄せ植えをつくりましょう。色が強いものと弱いものを組み合わせる場合は色のトーンを合わせることが大切です。

写真上は、黄色のビオラは目立つが、まとまらない印象。写真下のように同系色を組み合わせるとまとまりが出る。

Q 横長の鉢の植えつけのコツは？

A 互い違い（三角形）が基本です。

寄せ植えの基本は鉢の形が変わっても同じです。例えば茂る寄せ植えでは互い違いになるように植えつければ自然に見えます。上から見れば三角形が2つ並んだ状態。高さのある寄せ植えも同様に上・中・下段に植えます。

茂る寄せ植えは三角形を増やすようにする。高さのある寄せ植えは上・中・下段をつくり、多少前後させる。

Q 花を飾るときの注意点は？

A 花の性質に合わせて飾る位置を変えましょう。

花は真上、横、下に向くものなどがあり、それぞれの性質に合わせて飾る高さを考えます。例えば、花が真上を向くものは足元に飾り、下向きのものはハンギングや高さのある鉢に植え、目線と同じ高さに飾ります。

ビオラなど、花が上や横向きになるものは、浅い鉢に植えて低い位置に飾るときれいに見える。

横〜下向きに花が咲くものは、ハンギングや高さのある鉢に植え、目線と同じ高さに飾るとよい。

Q 花が終わったらどうしたらよいですか？

A 植え替えてリメイクしましょう。

主役の花が終わったり枯れてしまったときは、植え替えをして新しい寄せ植えにしてみましょう。一度すべての株を取り出し、使えるものを生かします。多年草や宿根草は根を切りすぎないように注意します。

キクを使った秋の寄せ植え。主役のキクは冬に枯れるタイプ。

1 主役のキクが枯れてしまい、見栄えが悪い。

2 棒を鉢と株のすき間に入れて、ぐるっと一周させる。

3 鉢と土が離れたら、株ごとに取り出していく。

4 すべての株を取り出したら枯れたものと再利用するものと分ける。

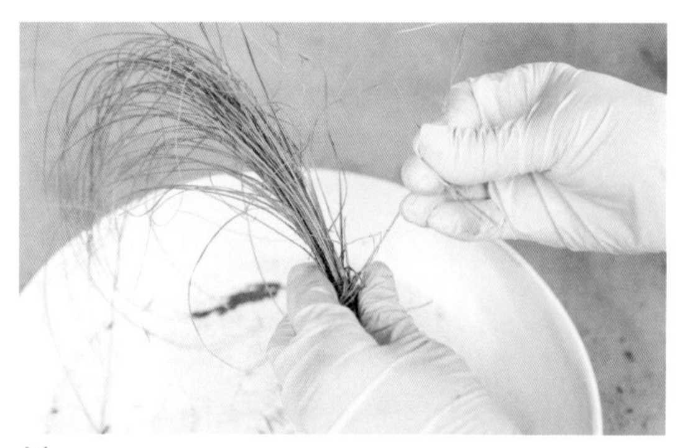

5 再利用する株は枯れた葉などを取り除き、きれいにする。

6 新しい苗を植えて秋→冬のリメイクが完成。

Q 飽きない寄せ植えはできますか?

A 時間差で主役が変わる寄せ植えがおすすめです。

ずっと同じ花が咲き続けている寄せ植えは難しいですが、花が時間差で咲く寄せ植えは可能です。チューリップの球根を使い、また前ページの植え替えのテクニックも合わせれば一年中花が咲く寄せ植えになります。

①チューリップ×3/②ビオラ(タイガーアイなど)×3/③コロニラ×1/④アリッサム×1/⑤斑入りヘーベ×1

1 通常の寄せ植えと同様にレイアウトを決めて植えつける。

2 チューリップの球根は皮をむき、尖っているほうを上にして鉢の奥に植える。先端が薄く埋まるくらい土をかぶせる。

3 球根を植えた部分が隠れるように、葉や花の位置を整え、水やりをしたら完成。

4 春にチューリップが咲き、主役はビオラからチューリップに。

5 チューリップが終わったら、ウエストリンギアと植え替えてビオラと楽しむ。

6 初夏、すべての花が終わったらウエストリンギアを再利用して新しい寄せ植えに。

寄せ植えの道具・資材

寄せ植えに必要な道具や資材には特別なものはなく、園芸店などですべて入手できます。寄せ植えづくりの前に、道具をそろえましょう。

ハサミ

花がら摘みや不要な葉を切り落とすときなどに使う。刃先が細いものがおすすめ。

土入れ

鉢に鉢底石や培養土を入れるときに使う。大小サイズ違いのものを用意しておくと使い分けられ、便利。

鉢底ネット

鉢底の穴をふさぐネット。セットすると、水やりのときに土が流れるのを防げる。また害虫の侵入防止にも。

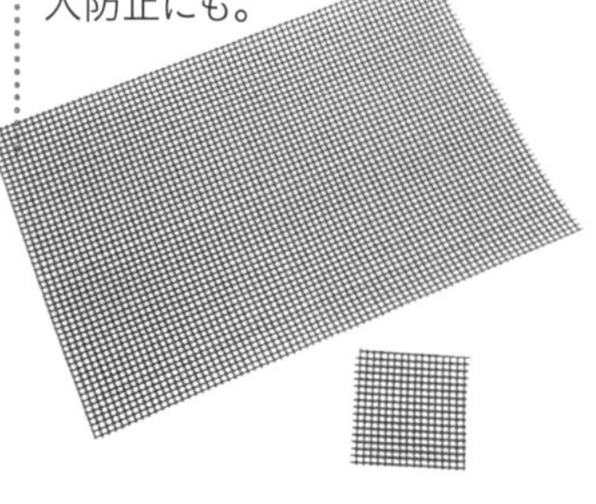

棒

植えつけた苗の根鉢の間にしっかりと土を詰め込むため、土を突くときに使う。割り箸でも代用できる。

受け皿

土と肥料を配合する際に用いたり、根鉢の土を落とすときの受け皿として使う。いろいろな場面で重宝。

ジョウロ

水やりや液体肥料を与えるときに使う。水やりのときはハス口をはずし、株元に水を与えることが大切。

培養土

市販の培養土を使うのがおすすめ。肥料の入っていない培養土は、肥料を加えてから使うようにする。

鉢底石

鉢の排水性と通気性をよくするために、粒の大きな石を鉢底が見えなくなる程度敷き詰める。

水ゴケ

寄せ植えでは乾燥防止のために使用。使うときは水にしっかり浸して水気を軽く絞り、土の表面に敷く。

パームファイバー

ヤシがらの繊維でできており、水ゴケ同様、乾燥防止や保温効果、土の目隠しとして使う。

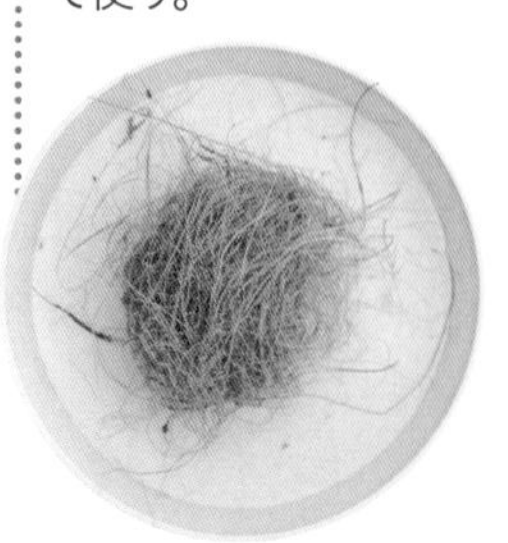

2章

春の寄せ植え

3月前後に出回る苗を使って
寄せ植えをつくります。
春らしい色鮮やかな植物が多く、
寄せ植えも華やかになります。

オステオスペルマム

Osteospermum

オステオスペルマムは、園芸品種が多く豊富な花色が魅力です。
株全体を覆うように次々と花が咲きます。

寄せ植えのポイント

- オステオスペルマムの花と葉の色に合うわき役を選ぶ。ここでは白〜黄色系のものを合わせる。
- 花を強調させるために、リーフ類はすべて形、大きさ、色の違うものをバランスよく組み合わせる。

✱使用する鉢

花の広がりを生かす横長のアンティーク風ブリキ缶。時間が経つほど風合いが変化する。

✱プラン

【主役】
❶オステオスペルマム
（ザイール・バリエガータ）×1
【わき役】
❷ブラキカム（イエローサンバ）×1
❸エリカ（セシリフローラ）×1
❹スイスチャード×1
❺プリンセスクローバー×1

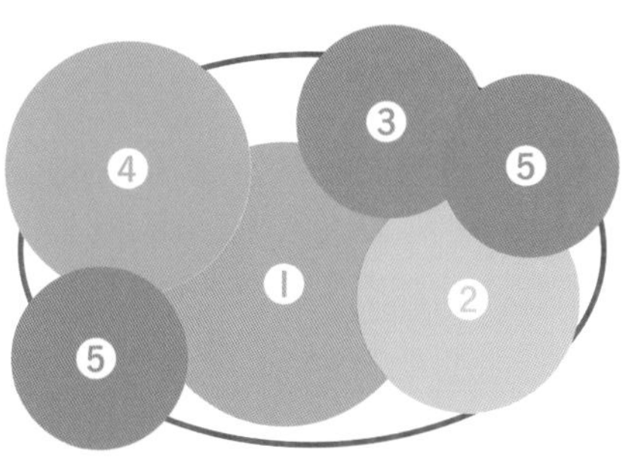

主役を中央に、縦に伸びるリーフを背面にして奥行きを出す。

✱手順

1 主役の花の正面を決め、全体の配置を考える。

2 オステオスペルマムの花の向きを正面に向け、中央に植える。

3 ブラキカムの花の向きを正面に向け、オステオスペルマムの右側に植える。

4 エリカとスイスチャードは、オステオスペルマムの背面に植える。

5 プリンセスクローバーは株分けをして正面左と右奥に植える。

6 土を入れて棒で突き、花や葉の向きを整えたら水やりをする。

オステオスペルマム アレンジ

茂る寄せ植え

主役の花を茂らせる寄せ植え。わき役のコロニラの花と葉、タイムの葉も黄色系のもので全体を統一。正面下部のタイムは、成長後に鉢からこぼれるように垂れ下がり、印象の変化も楽しめる。

❶オステオスペルマム／❷コロニラ／❸ベアグラス◐／❹タイム◐

ピンクのベースに差し色をプラス

ピンクの色違いのオステオスペルマムとシレネの花でベースをつくる。色のアクセントにユーフォルビアの淡い色とヘーベの濃い色を背面に植える。

❶オステオスペルマム（セレニティ、ロジータ）●●／❷ユーフォルビア（タスマニアン・タイガー）／❸ヘーベ（ベロニカグレース）●／❹シレネ（ピンクパンサー）●

同系色のグラデーション

咲き進むにつれて色の変わるオステオスペルマムに、同系色のコデマリの葉を合わせグラデーションにした寄せ植え。ブラキカムの白色の花が全体を引き締める。黒色の落ち着いた鉢が、より花を引き立てる。

❶オステオスペルマム（ジュリア）●／❷ブラキカム（スープリーム・ホワイト）○／❸コデマリ（ゴールド・ファウンテン）○

高さのある寄せ植え

上段にムラサキ花菜、中段にオステオスペルマム、下段にラミウムを配置し、高さのある寄せ植えに。主役より淡い紫色の花を合わせれば、シンプルでも飽きのこない配色になる。

❶オステオスペルマム（マーブレッド）●／❷ムラサキ花菜（花ダイコン）●／❸ラミウム◐

同系色の寄せ植え

赤色のオステオスペルマムを中心に、色の濃い紫色のもの、色が変化する淡い同系色のものを組み合わせる。色の強弱のバランスを考え、濃い紫色のものは外側に、反対側に同系色のわき役を植える。

❶オステオスペルマム（ジョンブリアン、セレニティ・レッド、アキラ・サンセットシェード）●●●／❷ユーフォルビア（パープレア）●

白とパープルの寄せ植え

花色に紫と白をもつ個性的なオステオスペルマムを主役にした寄せ植え。主役の花色に合わせ、リーフ類には白系統の斑入りのヘデラや、紫色と同系色のハゴロモジャスミンを添える。

❶オステオスペルマム◐／❷ヘーベ（ハート・ブレイカー）●／❸ヘデラ◐／❹ハゴロモジャスミン（ミルキーウェイ）◐

色違いの寄せ植え

花の中心が特徴的な２色の花を組み合わせる。どちらの花も青系の色が入っているため、淡い青色で小さな花のワスレナグサを添え単調さを解消。リーフ類も同系色で合わせる。オステオスペルマムのつぼみの黄色もアクセントにして。

❶オステオスペルマム（フランシスコ、ペドロ）○●／❷ワスレナグサ（ブルー・ムッツ）●／❸ユーカリ（グニー）●／❹ラミウム◐

パステルトーンの組み合わせ

色が変化するパステルカラーのオステオスペルマムを主役に、斑入りで明るい色目のナツメグゼラニウムと合わせ、色のトーンを統一する。

❶オステオスペルマム（ダブル・ファンほか）○●○／❷ナツメグゼラニウム◐

ゼラニウム

ゼラニウムは品種が多く、花の咲き方、色、大きさなどさまざまです。
園芸店によっては、ペラルゴニウムとも呼ばれます。

寄せ植えのポイント

- ゼラニウム1株とわき役2株でつくる寄せ植え。ヘデラを株分けし、ところどころに植えて一体感を持たせる。
- 花がよく目立つように、わき役はシンプルなグリーンを選ぶ。

✱使用する鉢

内側がフィルムで覆われたハンギング用の籐かご。下から見ても見栄えがするよう、かごからこぼれるように植える。

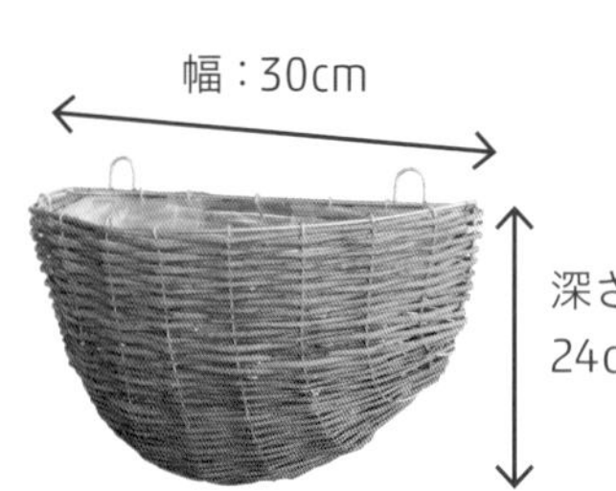

✱プラン

【主役】
❶ゼラニウム×1
【わき役】
❷ヘーベ×1
❸ヘデラ
（ライトフィンガー）×1

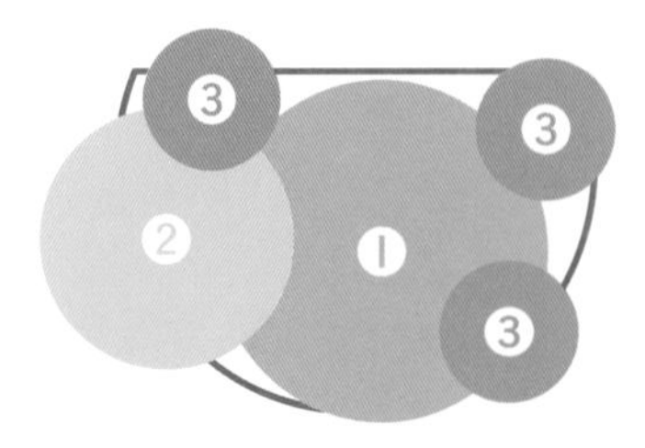

中央に主役を植え、外側はわき役で固める。ヘデラを株分けして植えることで単調さを解消。

✱手順

1 安定の悪いかごは、別の箱に入れて作業する。主役の花の向きを決め、植える位置を考える。

2 花の向きを調整しながらゼラニウムを植える。やや傾けて鉢から葉がこぼれるように植える。

3 ヘーベは葉が正面を向くようにし、左側に植える。

4 ヘデラを細かく株分けする。土はほとんど落としてもよい。奥の両端と正面右側に植える。

5 土を入れて棒で突き、すき間に土を詰める。

6 水やりをし、乾燥防止に、寄せ植えの周囲に湿らせた水ゴケを詰める。

アレンジ

グリーンで引き立てる

主役の花を引き立てるリーフ類をわき役に採用。リーフ類は主役の葉と形状の違うものにし、変化をつける。ハゴロモジャスミンは主役の足元で白い花を咲かせる。

❶ゼラニウム●／❷バーゼリア●／❸ハゴロモジャスミン●

白色で統一する組み合わせ

花の大きさの違う白色の花を組み合わせ、わき役のグリーンも白色の入ったもので花と一体感を持たせる。白色で統一することで、清楚なイメージに。

❶ゼラニウム○／❷ナツメグゼラニウム○／❸バコパ（スノートピア）○／❹ベアグラス◐

ダイアンサス（ナデシコ）

Dianthus

ダイアンサスは総称で、ナデシコやカーネーションも同じ仲間です。
たくさんの園芸品種があるので好みのものを探しましょう。

寄せ植えのポイント

- ダイアンサスの濃い色の株に白色の花を添わせて、全体に明るい雰囲気に。
- 青色がかったピンクの色に合わせて、青色に近い紫色の小花を組み合わせ全体に統一感を出す。

✱ 使用する鉢

花数が多い寄せ植えにも合う、横長のアンティーク風ブリキ缶。時間が経つほど風合いが変化する。

✱ プラン

【主役】
❶ダイアンサス
（カーネーション・オスカー）× 2
【わき役】
❷ブラキカム
（スープリームホワイト） × 1
❸カリブラコア（ティフォシー
ダブル・ラベンダー） × 1

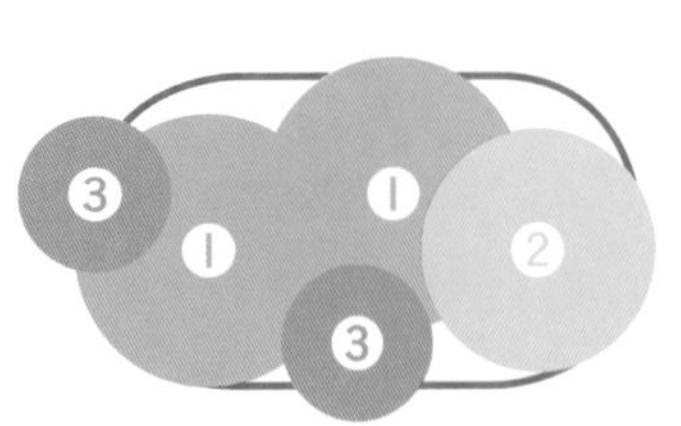

同系色の花色を組み合わせ、ブラキカムの花色と葉でふわっと明るくさせる。

✱手順

1 花の正面を調整し、主役の花色の配置に合わせてわき役の位置を考える。

2 ダイアンサスは花を正面に向けて植える。

3 濃い花色のダイアンサスの隣に、白色の花のブラキカムを植え、やわらかな印象に。

4 カリブラコアは株分けをして正面と左側に、鉢からこぼれるように傾けて植える。

5 土を入れて棒で突き、すき間にしっかりと土を詰める。

6 最後に花や葉の位置を調整したら水やりをする。

アレンジ

淡い色で引き立てる

主役と同系色のわき役を手前に、奥に淡い色の葉と白花を組み合わせる。奥の淡い色が主役を引き立てる。

❶ダイアンサス（カーネーション・オスカー）●／❷ブルーデージー（ペガサス）○／❸コデマリ（ゴールド・ファウンテン）○／❹クローバー（プリンセス・エステル）●

高さのある寄せ植え

上〜中段に色違いの主役を配置する。わき役は小さな白花とグリーンで主役を引き立てる。

❶ダイアンサス（パープル・ウェディング）●／❷ナデシコ（オリビア）◐／❸アンドロサセ○／❹ラグラス●／❺シンバラリア●

小さな寄せ植え

主役の花のサイズとわき役の葉のサイズをそろえて。どちらも小さいのでコンパクトな印象に。

❶ナデシコ（ミーテ・さくら・ピンク、ミーテ・ラズベリー・ローズ）◐●／❷クローバー●

ネモフィラ

Nemophila

さわやかなブルーの花が人気のネモフィラ。
茂りやすく、寄せ植えでも使いやすい花のひとつです。

寄せ植えのポイント

- ブルーと白のネモフィラを主役に、わき役も同系色の大きさや形の違う花・葉を利用する。
- ネモフィラは成長して茂りやすいので、植えつけ時に苗を植えすぎないように注意する。

✱使用する鉢

青色の花を生かすため、落ち着きのあるナチュラルな質感の素焼き鉢を使う。

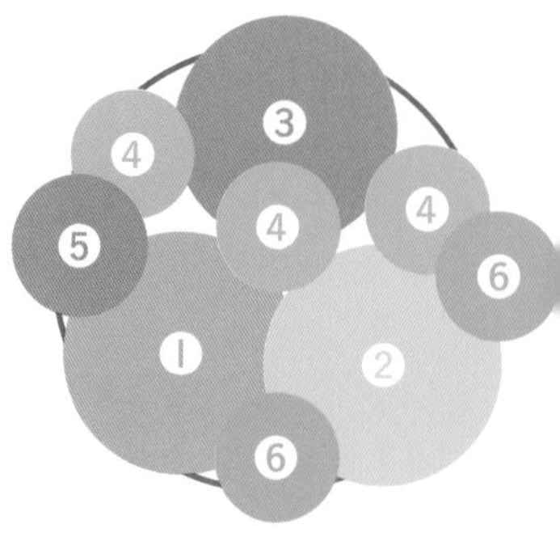

主役の花をメインにわき役のユーフォルビア以外、株分けして全体に散らす。

✱プラン

【主役】
❶ネモフィラ×1
❷ネモフィラ（マキュラータ）×1
【わき役】
❸ユーフォルビア（キパリッシアス）×1
❹カレックス（ジェネキー）×1
❺グレコマ×1（1/2のみ使用）
❻ベロニカ（オックスフォードブルー）×1

✱手順

1 それぞれ配置を決めたら、ネモフィラの花を正面に向けて植える。

2 ネモフィラ2株の間の奥にユーフォルビアを植える。

3 カレックスは3株に分け、ネモフィラとユーフォルビアの間に間隔をあけて植える。

4 グレコマは株分けし、1株のみ植える。余ったものは別の寄せ植えか、ポットに戻して育苗する。

5 ベロニカも2株に分け、正面中央と右側に垂らすように枝の向きを調整して植える。

6 土を入れて棒で突き、すき間に土を詰めたら水やりをする。

アレンジ

反対色で強調する

黄色系の花と葉をベースにすることで、反対色の主役がより際立つ。主役、わき役の小花が茂り、白色のブリキの鉢に映える。

❶ネモフィラ（プラチナ・スカイほか）●／❷アリッサム（サクサティーレ・サミットほか）●●／❸ポレモニウム（ブリーズ・ド・アンジェ）◐／❹ヘデラ（雪ほたる）◐／❺シロタエギク

同系色のリース

主役のネモフィラに同系色の淡い色のビオラ、白色のイベリスを組み合わせたリース。主役の花が茂るので、こまめに花がらを摘んで管理する。

❶ネモフィラ●／❷ビオラ　／❸イベリス○

ヒメエニシダ

Sweet broom

鮮やかな黄色の蝶のような形の花が鈴なりにつき、
低く育つエニシダの園芸品種で、寄せ植えに向きます。

寄せ植えのポイント

- **ヒメエニシダは花、葉ともボリュームがあり、茂らせたり、垂れ下がる寄せ植えに仕立てる。**
- **黄色の花色を生かす色合いのわき役を選ぶ。**
- **ハンギングバスケットなど垂れ下がる寄せ植えにも最適。**

✱使用する鉢

茂るタイプの花を組み合わせるため、高さのある鉢を使う。主役の花色が映える淡い紫色のブリキ鉢を使う。

✱プラン

【主役】
❶ヒメエニシダ× 2
【わき役】
❷ゲラニウム
（シューティングブルー）× 1

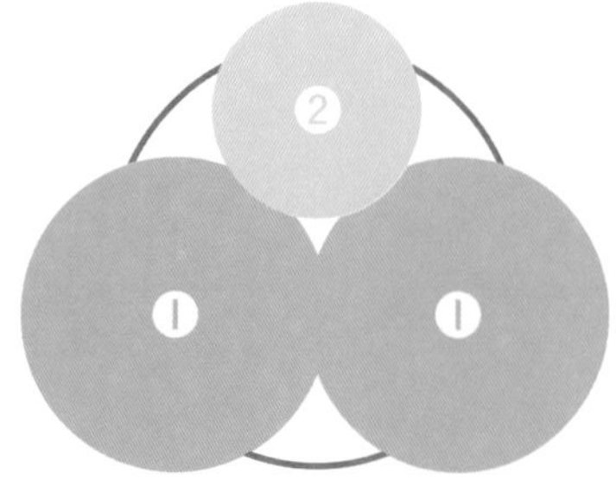

中央にヒメエニシダ 2 株、奥にゲラニウムを配置。ゲラニウムの枝を間に通し、全体になじませる。

✱手順

1 ヒメエニシダを正面に向け、配置する場所を考える。

2 苗を取り出し、ヒメエニシダを2株植える。中央があかないように注意する。

3 ゲラニウムを奥に植え、ヒメエニシダの株の間から正面に向けて枝を通す。

4 土を入れて棒で突き、しっかりと土を詰める。

5 花や枝葉の向きを整え、からまっていないか確認する。

6 最後に水やりをする。

アレンジ

反対色を加える

主役、わき役ともに黄色系の草花を組み合わせる。単調にならないように花の形の違うものを合わせ、反対色のワスレナグサをアクセントにする。

❶ヒメエニシダ／❷ブラキカム（イエロー・サンバ）／❸コツラ／❹ワスレナグサ／❺ハゴロモジャスミン（ミルキーウェイ）／❻ベアグラス

高低差をつけダイナミックに

ヒメエニシダの間に斑入りのヘーベを差し込んで前方を明るくし、ロータスとフィカス・プミラ（ミニマ）の濃い色で全体を引き締める。草丈の長いカリフォルニアデージーなどを背面に添えることで主役に目が行きつつも、ダイナミックな印象に。

❶ヒメエニシダ／❷ロータス（ブラックムーニー）／❸カリフォルニアデージー／❹ブラキカム（イエロー・サンバ）／❺斑入りヘーベ／❻カロライナ・ジャスミン／❼フィカス・プミラ（ミニマ）

フレンチラベンダー

French lavender

フレンチラベンダーは花の穂先にうさぎの耳のような葉が出ます。
園芸品種も多く、かわいらしい春の寄せ植えにピッタリです。

寄せ植えのポイント

- **フレンチラベンダーは蒸れに弱いので、下葉を摘み取って植える。**
- **フレンチラベンダーの色を引き立てるために、わき役の花、葉は黄色系の反対色をベースにする。**
- **主役を上段に、わき役を中〜下段に配置し、高さのある寄せ植えに。**

✻使用する鉢

フレンチラベンダーのナチュラルな雰囲気を崩さない、淡い色のテラコッタの鉢を合わせる。

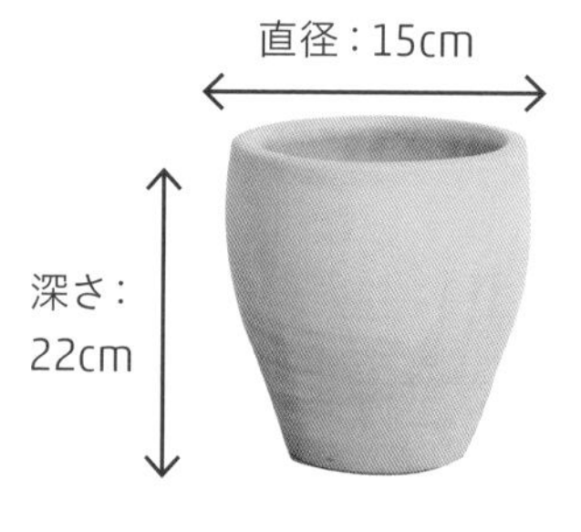

✻プラン

【主役】

❶フレンチラベンダー×１

【わき役】

❷ゼラニウム×１

❸トリフォリウム・カンペストレ×１

❹ハゴロモジャスミン（ミルキーウェイ）×１

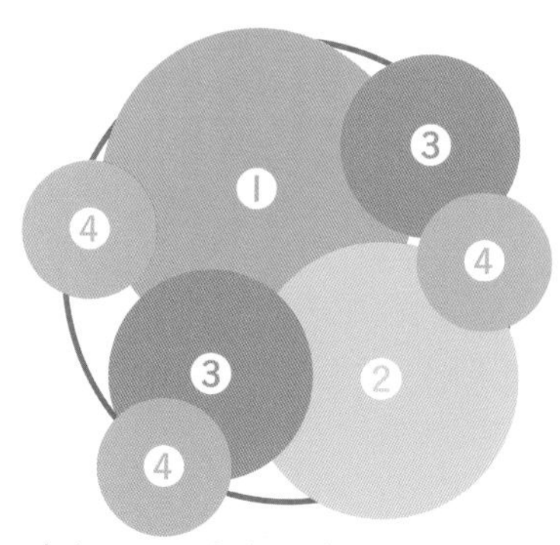

高さのある主役を中央に、足元を隠すようにわき役を配置する。

✱手順

1 主役のフレンチラベンダーの正面を決め、主役とわき役の配置を考える。

2 フレンチラベンダーは下葉を摘み取り、正面に向けて植える。

3 鉢の正面右側に、ゼラニウムをやや傾けて植えつける。

4 トリフォリウムは株分けをして正面左側と右奥に植える。

5 ハゴロモジャスミンは3株に分けて正面左側と左右奥の鉢の縁に植える。

6 土を入れて棒で突き、すき間に土を詰めて水やりをする。

アレンジ

色の濃淡で立体的に

紫色の濃淡で見せる寄せ植え。手前から奥に向かって白～濃い紫へグラデーションをもたせ、主役を目立たせ立体的に。

❶フレンチラベンダー●／❷イベリス（クイーン・アメジスト、エンジェル・ベール）　○／❸セリ（フラミンゴ）◐

茂る寄せ植え

低い位置で茂って花が咲く主役を選び、わき役の草花はほぼ同じ高さになるものを組み合わせる。

❶フレンチラベンダー○●／❷プリムラ・ビアリー●／❸ウンシニア（エバーフレーム）●

同系色の寄せ植え

紫～ピンク系の主役を中段に植え、高さのあるわき役の草花を合わせる。下段には白色の縁の入ったリーフを垂らす。

❶フレンチラベンダー●／❷ゲラニウム●／❸ピティロディア（フェアリーピンク）　／❹グレコマ◐

マーガレット

Marguerite

さまざまな花色、花形があるマーガレットは、
品種を選べば高さのある寄せ植え、茂る寄せ植え、どちらもつくれます。

寄せ植えのポイント

- ３株のみのシンプルな寄せ植え。マーガレットの花数が多いので、わき役はリーフのみ。
- マーガレットは茎が折れやすいので、扱うときに注意する。
- 花色が明るいのでわき役は暗めの色を選んで引き立てる。

✱使用する鉢

淡い花色のシンプルな寄せ植えに、ラインが入ったデザイン性のあるテラコッタの鉢を合わせる。

✻プラン

【主役】
❶マーガレット×１
【わき役】
❷サニーレタス×１
❸リシマキア（ミッドナイトサン）×１（1/2のみ使用）

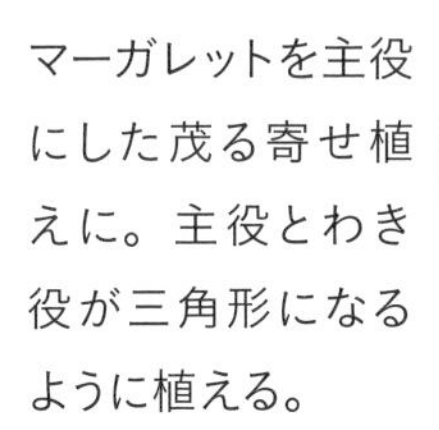

マーガレットを主役にした茂る寄せ植えに。主役とわき役が三角形になるように植える。

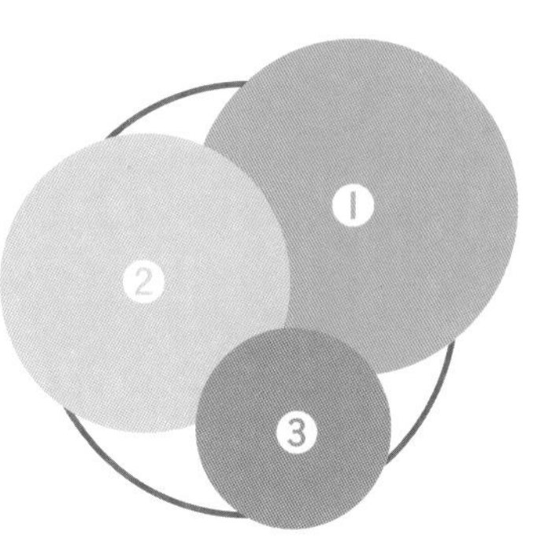

✻手順

1 主役とわき役の正面を決め、それぞれの配置を考える。

2 マーガレットを植えつける。苗を取り出すときに茎を折らないように注意する。

3 サニーレタスは葉が鉢の外側に広がるように植えつける。

4 リシマキアは株分けをして１株のみ使用する。土を入れて高さを調整する。

5 リシマキアは鉢の縁から垂らすようにやや傾けて植える。余った株は別の寄せ植えに使う。

6 土を入れて棒で突き、すき間に土をしっかりと詰める。花や葉を調整して水やりをする。

マーガレット アレンジ

類似色の寄せ植え

淡いピンク色と黄色のパステルカラーの花を中心にした寄せ植え。わき役のリーフも同系色の淡い色の入ったものを合わせて、全体に統一感を持たせる。

❶マーガレット／❷ヘーベ（ハートブレイカー）／❸アケビ

明度に変化をつけ奥行きを

鉢の縁のグレコマの白から、中央のピンクのマーガレット、後方の赤のマーガレットと、手前から奥に向かって色の明度を下げていき、奥行きを出す。アクセントにシャープな印象のアステリアを。

❶マーガレット（スマッシュ・ローズ&ホワイト、モリンバ・サッシー・レッド）／❷コンボルブルス（クネオルム）／❸グレコマ／❹アステリア

左右を入れ替えた２つのハンギング

同じ草花を使って左右対称でつくられた寄せ植え。濃いピンク色のマーガレットを引き立てるため、淡い色の草花を合わせる。２つのハンギングのうち、下の寄せ植えには白花のブラキカムを入れて変化をつける。

❶マーガレット（モリンバ・ヘリオ・ウォーターメロン）／❷バコパ／❸ちりめんレタス（グリーン・ウェーブ）○／❹コロニラ（バレンティナ）／❺オオイタビカズラ／❻ブラキカム○

黄色の寄せ植え

淡い黄色の花でまとめた寄せ植え。マーガレットとほぼ同じ色のガーベラ、白色のスイートアリッサムで全体の色味を統一する。オレガノの黄色に近いグリーンで花と株元の間を埋めてまとめる。

❶マーガレット／❷ガーベラ／❸オレガノ（ノートンズゴールド）／❹スイートアリッサム○

同系色の寄せ植え

ポンポン咲きの淡いピンク色のマーガレットに、同系色のバコパと色の濃いヘーベ、中央にピンクが差すネメシアで全体の色調をそろえる。バスケットを使い、花かごいっぱいのかわいい寄せ植えに。

❶マーガレット（スマッシュ・ダブルピンク）／❷ネメシア（メロウ・ピンクスワン）◑／❸ヘーベ（アイス・イザベラ）●／❹バコパ

花形の違う組み合わせ

マーガレットは、一重に花びらがつくものと、複数重なって花びらがつくものの２種類を使って形の面白さを楽しむことができる。どちらも白色なので、わき役には淡い色合いのものを選び、白花が目立つようにする。

❶マーガレット○○／❷ライスフラワー／❸シレネ（ピンクパンサー）

ラナンキュラス

ラナンキュラスは幾重にも重なる花びらと豊富な色が魅力です。
力がある花は、寄せ植えによく映えます。

寄せ植えのポイント

- ラナンキュラスは花の形、色とも同系色のものを選んで色をそろえる。
- ラナンキュラスを三角形に配置して中央にオレガノを入れて茂らせる寄せ植えに。
- 主役より花の小さなワスレナグサとリーフで、より主役を際立たせる。

✱使用する鉢

粗い質感のテラコッタの鉢を使用し、ナチュラルな印象にする。花が大きいため口の広い鉢を使う。

✱プラン

【主役】
1ラナンキュラス×3
【わき役】
2オレガノ（ケントビューティ）×1
3ルメックス・サンギネウス（ブラッディ・ドッグ）×1
4ワスレナグサ×1

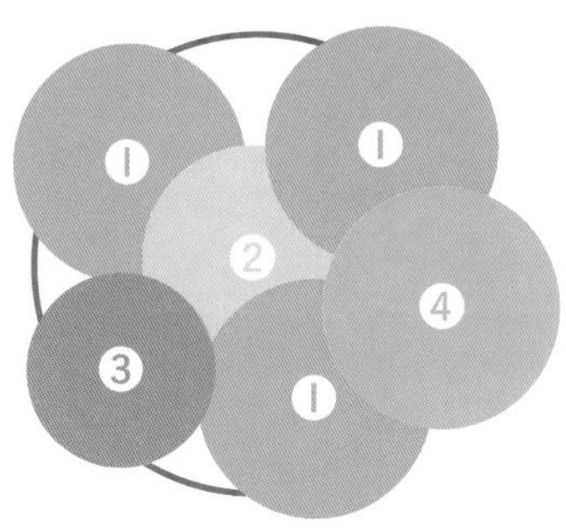

ラナンキュラスを三角形に配置し、中央のオレガノの枝葉をすき間から通す。

✱手順

1 花の正面を決め、ラナンキュラスの色の配置を考える。手前が薄い色になるようにする。

2 左奥のラナンキュラスと一緒に、中央のオレガノを植える。

3 右奥、手前に残りのラナンキュラスを植え、三角形になるようにする。

4 ルメックス・サンギネウスを正面と左奥のラナンキュラスの間に植える。

5 反対に正面と右奥の間にはワスレナグサを植える。

6 土を入れて棒で突き、しっかりと土を詰めて水やりをする。

ラナンキュラス

アレンジ

高さのある寄せ植え

花がよく目立つラナンキュラスを中段に、下段にリーフ類、上段にビバーナムを配置し、高さのある寄せ植えに仕立てる。わき役の色は主役が引き立つ色に。

❶ラナンキュラス●○／❷ビバーナム（ティヌス）○／❸ワイヤープランツ◐／❹マスタード◐／❺ロニセラ●

同系色の組み合わせ

同系色のラナンキュラスと白色のラナンキュラスを主役にした寄せ植え。中央に強い色の主役を植え、中心に目を引くように配置。わき役は同系色のグリーンで統一。

❶ラナンキュラス○●○／❷ユーフォルビア●／❸フォックスリー・タイム◐／❹ワイヤープランツ（スポットライト）◐

白色ベースの寄せ植え

平咲きで白色のラナンキュラスをベースに、花びらに少しピンク色の入った、八重咲きの品種を合わせる。白色の花の雄しべの黄色に合わせて、コロニラの花を添えてまとめる。

❶ラナンキュラス（ラックス・テセウス、ラックス・ハリオス、ラックス・ウラノス）○●／❷コロニラ（バレンティナ）○

反対色で花を引き立てる

ピンクのラナンキュラスに、反対色のグリーンを合わせて花をより引き立てる。主役の葉の色が強いので、赤みを帯びたグリーン、淡いグリーンを入れて、色のトーンを抑える。

❶ラナンキュラス／❷ネメシア（メロウ・マシュマロ・ピンク）／❸ヘーベ（ハート・ブレイカー）／❹ヒューケラ（バタークリーム）／❺ピットスポルム／❻ロニセラ（エドミーゴールド）

黄色を引き立てる寄せ植え

黄色のラナンキュラスと白色のラナンキュラスを主役に、同系色のリシマキアとロータスの葉で全体に統一感を持たせる。ロータスの黄色と茶の花色がアクセントになる。

❶ラナンキュラス／❷ロータス（ブラックムーニー）／❸リシマキア（リッシー）

同系色の寄せ植え

ピンク〜赤系のラナンキュラスを複数組み合わせてグラデーションをつくり、わき役の花も同系色で合わせる。鉢は花の色を引き立てる、白色のブリキでさわやかな印象に。

❶ラナンキュラス／❷バージニアストック／❸コデマリ（ピンクアイス）

ルピナス

円錐状の独特な花が特徴的なルピナス。
高さがあり、花の印象が強いのでシンプルな寄せ植えにします。

寄せ植えのポイント

- ルピナスは花も葉も特徴的なので、わき役はグリーンで色味を足すなど、主役より強い色のものを合わせないようにする。
- ルピナスは、寒さに強いが比較的蒸れに弱い。

✱使用する鉢

焼いた板でつくられた取っ手のある木製の鉢。ルピナスの明るい色がより引き立つ。

直径：30cm

深さ：18cm

✱プラン

【主役】
❶ルピナス×4
【わき役】
❷ワイルドストロベリー
（ゴールデンアレキサンドリア）×1

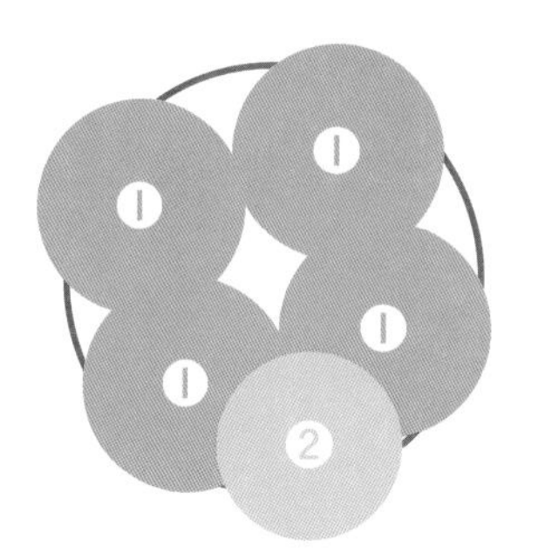

四角形にルピナスを配置し、手前にワイルドストロベリーを植える。

✱手順

1 配置はシンプルなので、ルピナスの花色で場所を決める。

2 ルピナスの配置場所が決まったら、手前から植える。

3 奥の２株も植え、四角形を描くようにする。

4 鉢からこぼれるようにワイルドストロベリーをやや手前に傾けて植える。

5 土を入れて棒で突き、しっかりと土を詰める。とくに中心部分を忘れないように注意。

6 葉の位置などを整え、水やりをする。

ルピナス アレンジ

形違いのリーフ類で主役を生かす

紫色、黄色、ピンク色の３色のルピナスを主役にした寄せ植え。ルピナスの個性的な花姿を生かすため、足元に葉が小さく形状が異なるリーフ類を添える。また、リーフ類を黄色系にし、主役のルピナスと調和させる。

❶ルピナス／❷ハゴロモジャスミン／❸ベアグラス

同系色の寄せ植え

ピンク系統のルピナスでまとめる。わき役のリモニウムの花も同系色で合わせて統一感を持たせる。足元の土が目立つ部分にはリシマキアを植えて鉢となじませる。

❶ルピナス／❷リモニウム（ペレジー）／❸リシマキア（オーレア）○

COLUMN

わからないことはお店で聞こう

園芸店、ホームセンターなどのお店では、多くの植物に触れるチャンス。目に留まりやすい花以外にも、どんな植物があるのか店内を見回ってみましょう。主役の花、わき役として使えそうなもの、つぼみがついているものなどをチェックすれば、好みの植物に出会えるかもしれません。

そんなとき、気になる植物があったら、ぜひお店でいろいろ聞きましょう。開花時期や鑑賞時期、扱い方、成長後の高さなどを教えてくれるはずです。植物は購入した地域の環境によって、開花時期や生育期間、栽培するうえでの注意点が変わることがあります。たとえば寒冷な地域では暖かい地域よりも開花時期は遅くなることがあります。寄せ植えでは植物の特徴は重要です。気軽に店員さんに声をかけてみましょう。

3章

初夏の寄せ植え

5月前後のもっとも気候のよい時期に
苗が出回ります。
湿度を嫌う植物も多いので、
植えつけ時には各植物の特徴をチェック。

アジサイ

Hydrangea

雨の日によく似合うアジサイは、梅雨の時期にピッタリの寄せ植え。
品種が多く、ヤマアジサイなど花(ガク)が小さなものもおすすめ。

寄せ植えのポイント

- **花が咲いている場合は、根を触りすぎると花が傷むため、根と土を落としすぎないように注意する。高さは土の量で調整。**
- **葉が重なるところは葉を摘み取り、風通しをよくする。**

✱使用する鉢

ボリュームがある花なので、かごの鉢を使って軽い感じに。あらかじめ鉢の底のフィルムを切っておく。ギフトにも最適。

✱プラン

【主役】
❶アジサイ×3
【わき役】
❷ニシキシダ×1
❸ロニセラ（レモンビューティー）×1

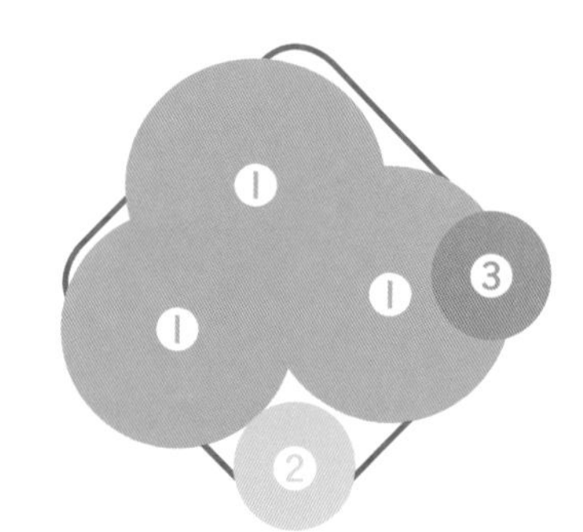

鉢の角を正面にし、アジサイを中心に、ニシキシダとロニセラを鉢から垂らす。花が大きいのでわき役は最小限に。

✱手順

1 主役の正面を決めて全体の配置を考える。

2 アジサイを植える。花が咲いているので、落とす土と根は最小限にする。

3 紫のアジサイを奥のやや左寄りに植える。

4 正面の角に、ニシキシダを垂らすように角度をつけて植える。

5 正面の右側の角には、角度をつけてロニセラを植える。

6 土を入れて棒で突き、奥まで土を入れ、水やりをする。

アレンジ

白色を組み合わせて

どの色とも相性のよい白花との組み合わせ。上下段に白花を配し、中段水色の主役を引き立たせる。

❶ヤマアジサイ（津江の小てまり）●／❷コデマリ○／❸オンファロデス（ホワイト）○

ハンギングで全方向に

濃い青色のアジサイを中心に、どこから見ても見栄えよく配置。

❶アジサイ●／❷ペチュニア○／❸カリブラコア（ティフォシー・ラベンダー）●／❹スーパーアリッサム（フロスティーナイト）○／❺コデマリ（ゴールドファウンテン）●／❻シュガーバイン●

グリーンで花色を引き立てる

グリーンで、アジサイとティアレラを引き立てる。葉の形のバリエーションで飽きない見た目に。

❶ヤマアジサイ（伊予獅子てまり）●／❷ティアレラ（スプリングシンフォニー）○／❸タマシダ●／❹フウチソウ●

イングリッシュラベンダー

English lavender

ラベンダーの中でも香りがよい品種のひとつです。
ほかのハーブと合わせて香りの寄せ植えをつくります。

寄せ植えのポイント

- イングリッシュラベンダーは蒸れに弱いので、深植えにせず、下葉を摘み取り、風通しをよくする。
- 茎が折れやすいので植えつけるときは注意する。
- 鉢一杯に育ったら、ひとまわり大きな鉢に植え替える。

✱使用する鉢

植物を引き立たせるために、横長のブリキの鉢を使い、素朴な寄せ植えに仕上げる。

✱プラン

【主役】
❶イングリッシュラベンダー（しずか）×3
【わき役】
❷セージ（トリカラー）×1
❸コモンタイム×1
❹カリシア・レペンス×1

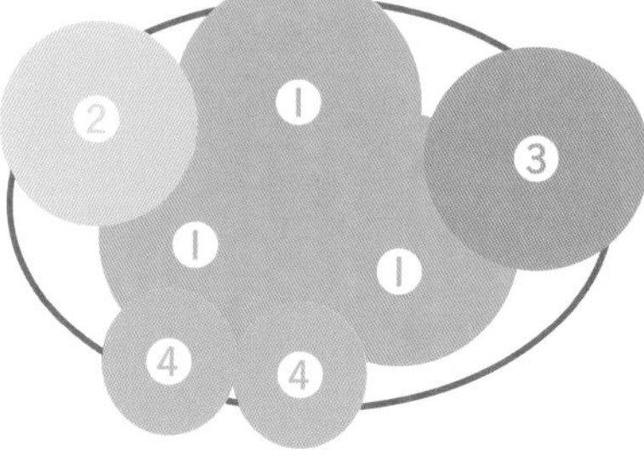

花が控えめなので、主役の花色に合うカラーリーフで彩る。中央に主役を配置し、左右は高さの違う植物で流れるように見せる。

✱手順

1 イングリッシュラベンダーを中央に、ほかの草花は高さを見ながら配置を考える。

2 イングリッシュラベンダーは下葉を摘み取り、茎を折らないように浅めに植える。

3 密にならないよう、正面左側にセージを植える。主役とのバランスを見ながら高さを調整する。

4 正面右側に鉢からこぼれるようにコモンタイムを植えつける。

5 カリシア・レペンスは株分けし、正面の中央と左側にひと株ずつ植える。

6 土を入れて棒で突き、水やりをする。

アレンジ

同系色の花でまとめる

紫色のペチュニアで色をまとめた寄せ植え。明るさを出すために、淡い葉のトラディスカンティアを配置し、メリハリをつける。

❶ イングリッシュラベンダー（しずか）●／❷ペチュニア●／❸ トラディスカンティア（ラベンダー）●

明るいグリーンとの組み合わせ

濃い紫色を引き立たせるために、淡い色のリーフでまとめる。曲線のリーフ類と直線のラベンダーで自然な植栽に見せる。

❶イングリッシュラベンダー（ブルースピアー）●／❷オレガノ（ベリシモ）●／❸リッピア（フリップ・フロップ）◐／❹イブキジャコウソウ○

コリウス

Coleus

葉の色がさまざまあるカラーリーフは、
花よりも長期間楽しむことができます。

寄せ植えのポイント

- **コリウスは葉を楽しむため、花が咲く前に摘み取る。**
- **円形に配置する寄せ植えでは、中央に土を入れ忘れないようにする。**

✽使用する鉢

葉の色に合わせて同系色の鉢を選び、ポップな仕上がりに。鉢は軽いプラスチック製。

✽プラン

【主役】
❶コリウス× 4
【わき役】
❷ワイヤープランツ（スポットライト）× 1
❸コクリュウ× 1

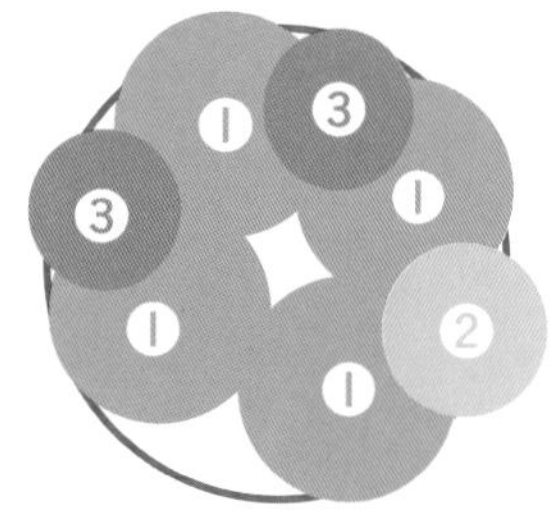

どこから見ても見栄えのする寄せ植えは、同系色で対角線になるように配置。

✻手順

1 主役の正面を決め、それぞれの配置を考える。

2 鉢に入るようにコリウスの土を落とし、それぞれ植える。

3 コリウスの間に、ワイヤープランツを鉢からこぼれるように傾けて植える。

4 コクリュウは株分けをする。このとき土が落ちるが、そのままコリウスの間に植えてOK。

5 土を入れて棒で突く。円形の寄せ植えでは、鉢の中央に土を入れ忘れないようにする。

6 最後に水やりをし、葉を整えれば完成。

同系色の組み合わせ

62ページと同じパターンで色味を変えて。ピンク・紫系統の葉色に合う鉢、わき役を選ぶ。

❶コリウス ●●◐◐／❷シルバータイム◐／❸アカエナ・プルプレア●

葉を強調させる

葉の色がユニークなコリウスを引き立たせるため、形の違う葉、センニチコウの小花を合わせる。

❶コリウス ●／❷センニチコウ○●／❸プテリス●／❹インドチョウラン（シャムオリヅルラン）◐

緑のグラデーションに

黄緑と茶のコリウスに、緑の葉のわき役たちで緑のグラデーションに。花は控えめなものを選ぶ。

❶コリウス○●／❷リッピア（スイートハーブメキシカン）○／❸セイロンライティア○

サルビア・セージ Salvia Sage

サルビアとセージは同じ仲間で、園芸品種がたくさんあります。
花色、花の形も豊富で主役もわき役もこなせます。

寄せ植えのポイント

- サルビアを自然に見せるため、高さはあえてそろえない。高さがそろうと硬い印象になる。
- ロニセラはある程度、土を落としてもOK。
- ハゴロモジャスミンは株分け後、土を足して高さをそろえる。

✻使用する鉢

木の箱のようなコンクリート製の鉢。自然な風合いの鉢を使ってサルビアの赤色を引き立てる。

✱プラン

【主役】
❶サルビア×3
【わき役】
❷ジギタリス・オブスクラ×3
❸ロニセラ(レモンビューティー)×1
❹ハゴロモジャスミン(フィオナ・サンライズ)×1

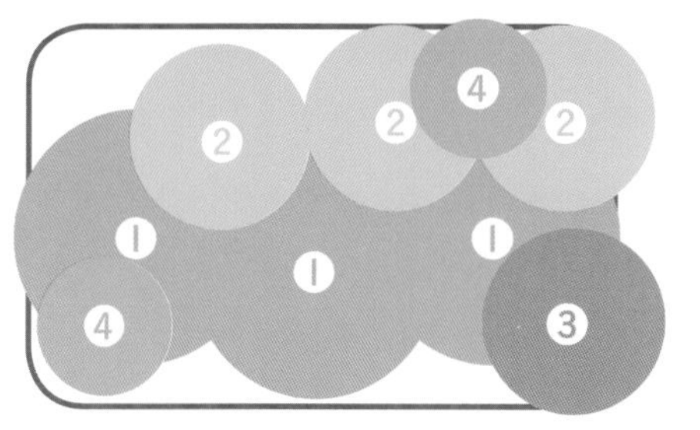

主役は高さをそろえずに中央に配置し、背面のジギタリスを不均等に植えて自然に見せる。

✱手順

1 サルビアは中央に、背後には高さのあるジギタリス、ほかのわき役の配置を調整する。

2 サルビア3株を並べ、一直線にならないよう高さをそろえずに植えつける。

3 ジギタリスは蒸れを防ぐために、下の葉と傷んだ葉を摘み、不均等に並ぶように植える。

4 ロニセラは土を落として植えやすくし、寝かせるように角度をつけてから植える。

5 ハゴロモジャスミンは株分け後、正面左と奥右に植える。土を入れて高さを調整する。

6 葉の位置を調整したら、土を入れて棒で突く。奥までしっかりと土が入ったら水やりをする。

サルビア・セージ アレンジ

同系色のリーフを合わせて

主役の青紫色と同系色のリーフ類でまとめた組み合わせ。鉢も色を合わせ、全体に統一感を持たせる。反対色の淡い黄色の小花とその白色のリーフが、奥行きのある色の広がりをつくる。

❶ブルーサルビア／❷ハツユキソウ／❸コンロンカ／❹ダイコンドラ（シルバーフォール）

淡い花と組み合わせ、主役を強調

濃い青色の主役の花を目立たせるため、わき役の花は色の淡いものを組み合わせる。写真のように白色の花、白～黄色のカラーリーフの中にあっても、花があまり大きくない主役の存在感を際立たせる効果がある。

❶メドーセージ（サルビア・ガラニチカ）／❷クルクマ（ホワイト・ジャスミン）／❸アルテルナンテラ（マーブルクイーン）／❹オリヅルラン／❺ジニア

リーフで主役を引き立てる

主役の花色が淡いため、ピンク～赤と反対色のグリーンで引き立てる。縁が白色のリーフを合わせ、同系色の赤色のジニアをワンポイントに。花の茎が長いフェスツカで曲線の動きを出す。

❶サルビア（アヤノピーチ）／❷ジニア（レッド・スパイダー）／❸イワミツバ／❹フェスツカ（グラウカ）

姿を生かす組み合わせ

ワイルドに伸びるアメジストセージの枝ぶりを生かす寄せ植えにする。わき役の草花は同系色の小花、白色の花で、主役を引き立たせる。黄色のカラーリーフで鉢との境をなくし、全体を調和させる。

❶アメジストセージ／❷ロニセラ（オーレア）／❸ユーフォルビア（ダイヤモンドフロスト）／❹クフェア

小花でまとめる

主役の花が小さいので、わき役に使う花も大きすぎないものを選ぶ。また、リーフ類も白〜青色に近いものを植え、全体に統一感のある色にする。わき役は主役の青色の花に合わせ、白色または同系色のものを使用。

❶サルビア･アズレア●／❷ロベリア（マーメイド）●／❸ラミウム◐／❹グレコマ（バリエガータ）◐

高低差のグラデーション

高さのあるアメジストセージは、ガクが白色でピンク色の小花が印象的。高さがあるので、足元にはやや濃いピンク色のわき役たちを配置し、高低差でグラデーションをつくる。

❶アメジストセージ●／❷ペルネチア（ハッピー・ベリー）●／❸アルテルナンテラ（マウナケア）●／❹ロータス（ブリムストーン）○

同系色の寄せ植え

赤色のチェリーセージは高い位置で目を引くため、中〜下段には色が淡いものを植える。色の濃い同系色のルドベキアを、上段と対極の位置に入れ、全体の色を締める。鉢は花色を崩さない色を選ぶ。

❶チェリーセージ●／❷ルドベキア（チェリー・ブランデー）●／❸センニチコウ●／❹ユーフォルビア（ダイヤモンドフロスト）○／❺バコパ●

ジニア

色とりどりの花があるジニア。ヒャクニチソウ(百日草)とも呼ばれ、長期間花を楽しむことができます。

寄せ植えのポイント

- ジニアは枝葉が茂って密になりやすいので、あらかじめすき間をつくって寄せ植えする。
- 風通しをよくするため、株元から1〜2cmほどまで葉を摘み取る。
- 花が咲き終わったら次のつぼみのある節の上で摘み取る。

✱使用する鉢

ジニアの花を引き立たせるため鉢は落ち着きのある、ナチュラルなテラコッタを使用。

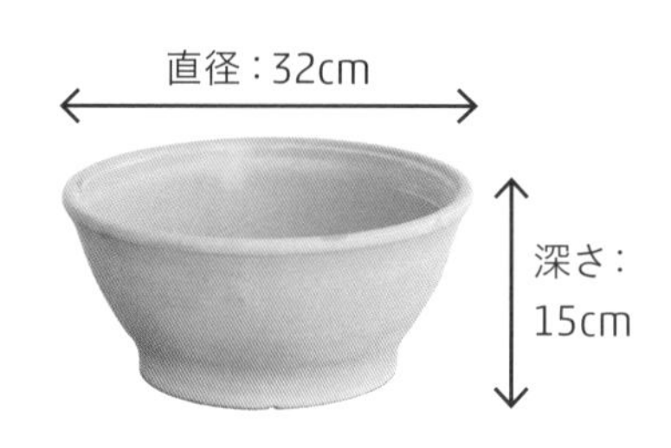

✱プラン

【主役】
❶ジニア×4
【わき役】
❷リシマキア
(ペルシャンチョコレート)×1
❸ルブス
(サンシャインスプレンダー)×1

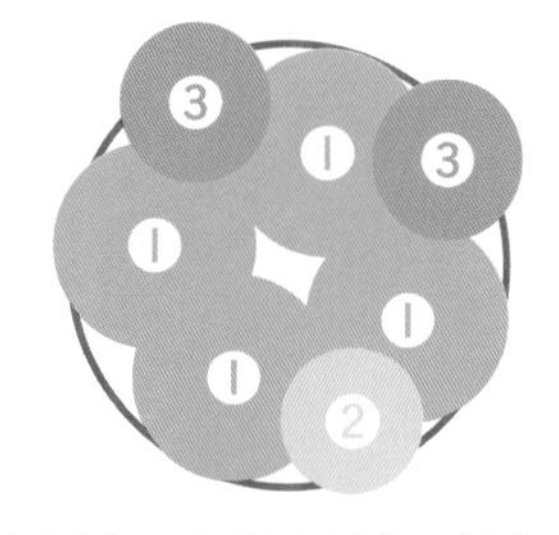

同系色の主役を対称に植え、どこから見ても正面になるような寄せ植え。リーフ類は花の色に合う場所に植える。

✻手順

1 花色を合わせ、対になる位置にする。正面を決めたらリーフ類を配置する。

2 花がらがあれば次のつぼみのある節の上まで切り詰める。

3 株元は1〜2cmほどまで葉を摘み取る。

4 ジニアを植え、リシマキアは傾けて鉢から垂らすように植える。

5 ルブスは株分けをし、ジニアのすき間に植える。

6 土を入れて棒で突き、整えてから水やりをする。

濃い色で引き締める

明るい花色の主役を使う場合、暗い色のわき役を合わせると全体を引き締める効果がある。

❶ジニア ○●●●／❷チョコレートコスモス●／❸ユーフォルビア（ダイヤモンドフロスト）○／❹クフェア●／❺コクリュウ●

同系色の寄せ植え

緑色のジニアと、リーフ類で統一した寄せ植え。淡い色の小花をアクセントに入れる。

❶ジニア○／❷アンゲロニア（ウェッジウッドブルー）○／❸サルビア・カメレアグネア●／❹ペルシカリア（シルバードラゴン）◐

シックな寄せ植え

ブラウン系のジニアに合わせ、コリウスも同系色の色が入ったものを選ぶ。ワンポイントに色違いのジニアを使う。

❶ジニア●○／❷コリウス◐／❸ベアグラス◐／❹ちりめんテイカカズラ◐

スカビオサ

さわやかな花色で、マツムシが鳴く時期に咲くことから
マツムシソウとも呼ばれます。

寄せ植えのポイント

- スカビオサは花茎が折れやすいので、扱うときに注意する。
- アルカリ性の土を好むが、培養土を使用していればそれほど心配はない。
- 花が少なめでもつぼみの多い苗を選ぶ。

使用する鉢

淡い花色を生かすため、クセのないナチュラルなテラコッタを使用する。

プラン

【主役】
1スカビオサ×３
【わき役】
2ツルマサキ×１
3ポレモニウム
（パープルレインストレイン）×１

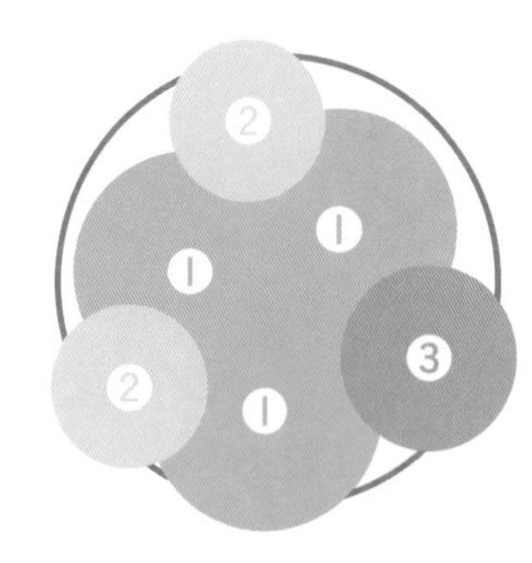

紫色の反対色、黄色の葉のツルマサキで鮮やかに見せる。

✱ 手順

1 花の向きを中央に集まるように合わせて、主役とわき役の配置を考える。

2 花の向きが正面を向くように3株植えつける。このとき花茎を折らないように注意する。

3 ツルマサキは株分けして2つにし、背面に1株のみ植えつける。

4 ポレモニウムは角度をつけて鉢から垂らすように植える。

5 残りのツルマサキは鉢の外側に伸びるように向きを調整して植える。

6 土を入れて棒で突き、すき間ができないようにしっかりと土を詰める。その後、水やりをする。

反対色の寄せ植え

高さのあるスカビオサを際立たせる寄せ植え。花の大きさが同じで反対色のイエローサルタンを差し色に使い、黄色系のリーフ類を使用する。

❶ スカビオサ（アメジストピンク）●／❷ イエローサルタン ●／❸ ヒメウツギ○／❹ テイカカズラ（黄金錦）○

草丈の長い花同士を組み合わせて

淡い花色のスカビオサを主役に、白花のオルラヤを組み合わせて。オルラヤは、スカビオサ同様、花茎が似たように伸びるため、入れることで、風で揺れる姿がかわいらしい寄せ植えになる。

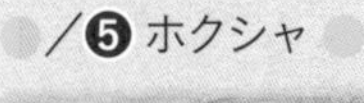

❶ スカビオサ（ギガ）●／❷ オルラヤ（グランディフロラ）○／❸ カラミンサ ●／❹ オレガノ（ミルフィーユ・リーフ）●／❺ ホクシャ ●

トレニア

かわいい小花が次々と咲くトレニアは初夏から秋まで楽しめます。
主役としてもわき役としても利用できます。

寄せ植えのポイント

- 花がらは病気の原因にもなるので、早めに摘み取る。
- 自然に見せるため、左右対称にならないようにトレニアを植える。

✱ 使用する鉢

トレニアと似た涼し気な色を選び、梅雨のシーズンでも楽しめる寄せ植えに。

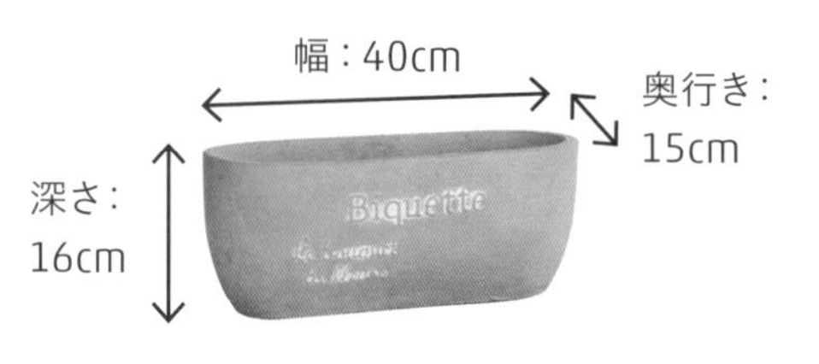

✱ プラン

【主役】
1 トレニア×3
【わき役】
2 アジュガ・レプタンス
（バーガンディグロウ）×1
3 アジュガ
（ブラックスカロップ）×1
4 コクリュウ×1

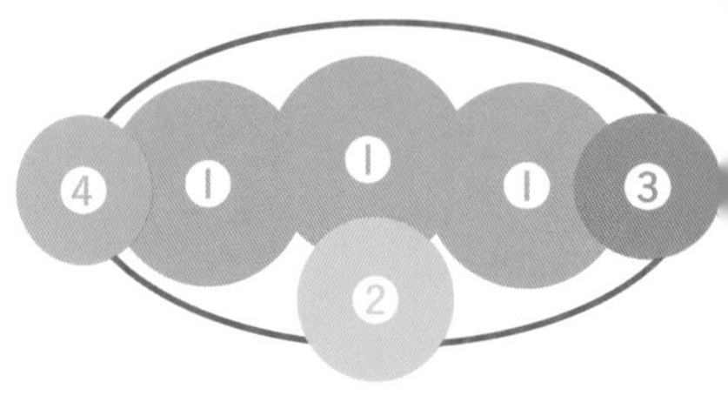

トレニアは一直線に並べず、互い違いに植える。すき間に同系色のリーフ類を植え変化をつける。

✱手順

1 トレニアが一直線にならないように位置を考え、花色に合わせたリーフ類の場所を選ぶ。

2 トレニア３株を植える。花がらがあれば、あらかじめつけ根で摘み取っておく。

3 淡い色のアジュガは株分けし、高さを調整してから角度をつけて植える。残りはほかの寄せ植えに。

4 濃い色のアジュガも同様に株分けし、高さを調整して鉢から垂れるように右側に植える。

5 コクリュウは左側に植える。傷んだ葉があれば、根元から摘み取る。最後に全体の葉の位置を調整。

6 土を入れて棒で突き、すき間にしっかりと土を入れて水やりをする。

アレンジ

白色をベースに主役を立てる

わき役に白いユーフォルビア、白い縁が入ったイワミツバを添えて、寄せ植え全体を白ベースにし、たくさんの淡いピンクの小花を引き立てる。脚高の鉢でトレニアがこぼれるようにすると空間が広がる。

❶トレニア(カタリーナピンクリバー) ／❷ユーフォルビア（ダイヤモンドフロスト）○／❸イワミツバ ◐

同系色の寄せ植え

濃い紫色のトレニアに、淡い紫色のカラミンサの小花を合わせる。リーフは大ぶりで紫がかったトラディスカンティアと葉が小さく丸いワイヤープランツを入れて全体をなじませる。

❶トレニア ●／❷ カラミンサ ／❸ ワイヤープランツ ●／❹ トラディスカンティア ◑

ナスタチウム

Nasturtium

無農薬なら花も葉も食べることができるナスタチウム。
成長後は花も葉も茂って垂れるので、あらかじめゆとりを持たせます。

寄せ植えのポイント

- **ナスタチウムは成長すると垂れ下がるので、成長後をイメージして配置を決める。**
- **強い色の背面には同じくらい強い色を合わせる。**
- **つぼみが外側に向くように向きを調整する。**

✱使用する鉢

花の主張が強いので、鉢は手軽に楽しめる軽いブリキ製。全体にラフな印象に。

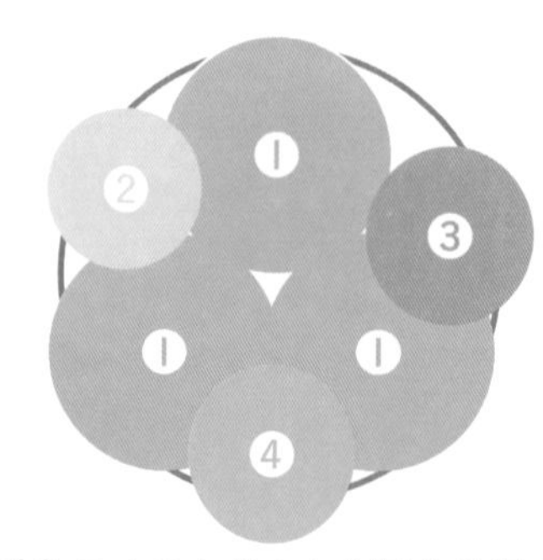

同系色のナスタチウムを植える場合は、奥に濃い色を持ってきてバランスを取る。

✱プラン

【主役】
❶ナスタチウム×3
【わき役】
❷ルメックス・サンギネウス（ブラッディー・ドッグ）×1
❸シモツケ（ゴールドフレーム）×1
❹ワイヤープランツ（スポットライト）×1

✱手順

1 淡い黄色のナスタチウムは手前にし、奥に強い黄色を配置する。

2 つぼみを外側に向けてナスタチウムを植える。根鉢がぐらつくことがあるので取り出しは注意。

3 ルメックス・サンギネウスは軽く土を落とし、蒸れやすいので外側に植える。

4 シモツケは土を落として根鉢を細くし、右に植える。

5 ワイヤープランツを鉢から垂らすように、やや傾けて植える。

6 土を入れて棒で突き、すき間に土をしっかりと入れて水やりをする。枝葉の位置を軽く調整する。

アレンジ

食べられる寄せ植え

ハーブなど食べられる草花の寄せ植え。主役のオレンジ〜黄に合う色でまとめる。葉の色や形が違うリーフ類で、単調にならない組み合わせにする。

❶ナスタチウム／❷ビオラ（エディブルフラワー）／❸スイスチャード／❹マスタード／❺パセリ／❻ワイルドストロベリー（ゴールデンアレキサンドリア）／❼オレガノ（ケントビューティ）

高さのある寄せ植え

高さのあるナスタチウムとカレックスを合わせ、垂れ下がるワイルドストロベリーやリッピアを配置。濃い赤色のナスタチウムは葉の色も濃く、葉の色味をリッピアと合わせ、全体に統一感を持たせる。

❶ナスタチウム／❷ワイルドストロベリー（ゴールデンアレキサンドリア）／❸カレックス（ジェネキー）／❹リッピア（フリップ・フロップ）

ニチニチソウ

Madagascar periwinkle

ニチニチソウは株全体を覆うほどたくさんの花が咲く、夏の花の代表です。
楕円形で光沢のある葉も魅力です。

寄せ植えのポイント

- **ブルーを含んでいるピンク色の花にはブルー系の花や葉のわき役を選び、全体に統一感を持たせる。**
- **湿度の高いシーズンに苗が出回るので、株元の葉を摘み取って、風通しをよくする。**

✱使用する鉢

主役のピンクの花色でも自然に見えるテラコッタの鉢。庭置きにしてもよく似合う。

✱プラン

【主役】
❶ニチニチソウ×２
【わき役】
❷ベロニカ（ハミングバード）×１
❸ダイコンドラ（シルバーフォール）×１

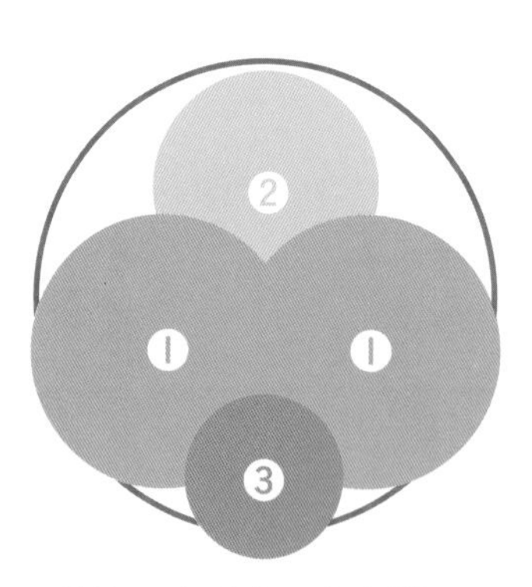

高さのあるものから順に植える。奥から手前にかけて段になるように配置。

✱ 手順

1 奥から手前にかけて段になるように配置を考える。

2 株元が蒸れやすいのでベロニカは下葉を摘み取ってから奥に植えつける。

3 ニチニチソウも株元の葉を摘み取り、花がらがあれば摘み取っておく。

4 ニチニチソウは花の向きを調整しながら、中段に２株植えつける。

5 鉢から垂らすようにダイコンドラを植えつける。

6 土を入れて突き、すき間に土を詰める。その後、葉の向きなどを調整し、水やりをする。

茂る寄せ植え

主役の小さな花が茂るように見せる。わき役の草花には、白色のリーフ、ワンポイントの黄色の小花を。

❶ニチニチソウ（夏花火）○／❷スピランサス●／❸カリオプテリス●／❹ハツユキソウ◐／❺ノブドウ●

背景に違う花や葉を

主役と同系色のピンク～赤系統の組み合わせ。主役と違う形の花や葉を選び、引き立てる。

❶ニチニチソウ●／❷ケイトウ●／❸ベロニカ（シャーロッテ）○／❹アベリア◐／❺ユーパトリウム（チョコレート）●／❻フォルミウム●

同系色の寄せ植え

主役、わき役含めて紫色の濃さの違うもの同士を組み合わせる。

❶ニチニチソウ●／❷トラディスカンティア●／❸カラミンサ●／❹ユーフォルビア（ダイヤモンドフロスト）○／❺ロニセラ（レモンビューティー）◐／❻ヘリオトロープ●

バーベナ

Verbena

バーベナは花色が豊富で、小花が集まって咲きます。
花が少ない夏に映える貴重な花のひとつです。

寄せ植えのポイント

- バーベナは茎が折れやすいので、取り出すときには注意する。
- バーベナは三角形に配置して、自然な仕上がりにする。
- 葉の形の違う、わき役のロータスとウンシニアを組み合わせて、リーフのシルエットに変化をつける。

✱使用する鉢

ボート形の白色の鉢で鮮やかな赤色の花を引き立たせる。

✱プラン

【主役】
①バーベナ×3
【わき役】
②ロータス
（コットンキャンディー）×1
③ウンシニア
（ファイヤーダンス）×1

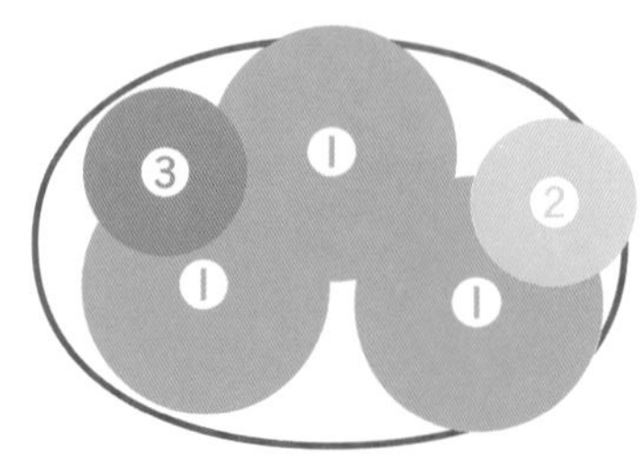

主役は三角形になるように配置し、リーフ類を両サイドに植える。

✱手順

1 バーベナの花が正面になるように調整して、それぞれの配置を考える。

2 バーベナ3株が鉢の中で、三角形になるように植える。

3 ロータスを正面右側から正面に向かって枝が垂れるように植える。

4 ウンシニアは左奥に植える。

5 土を入れて棒で突き、すき間がないように土を足す。

6 花や葉を整えたら水やりをする。

アレンジ

ハンギングに植える

ハンギングから垂れ下がる寄せ植え。主役の花を生かすため、わき役は白系統の花を合わせる。

❶バーベナ（ラナイ・キャンディケーン）◑／❷ミニバラ（グリーンアイス）●／❸ユーフォルビア（ダイヤモンドフロスト）○／❹スマイラックス○

反対色の組み合わせ

わき役の黒・黄色の花が反対色となり、主役の花を浮かび上げる。

❶スーパーバーベナ（アイス・トゥインクル）／❷ロベリア（トメントーサ）／❸ロータス（ブラック・ムーニー）◑／❹リシマキア（リッシー）◐／❺シッサス（ガーランド）●

同系色の寄せ植え

ピンク〜紫色の主役に対して、わき役は紫系統のリーフと淡い緑色で統一感を出す。

❶宿根バーベナ（花手毬・絢・こいさくら、むらさきしきぶ）●●／❷ヒューケラ（ハリウッド）●／❸リシマキア（シューティングスター）◑／❹ウエストリンギア（スモーキー）

ヒューケラ

Heuchera

ヒューケラは代表的なカラーリーフのひとつで、
葉の色が豊富で半日陰でも育ちます。

寄せ植えのポイント

- **ヒューケラは成長すると大きくなるので、ある程度余裕を持たせ、詰め込みすぎないようにする。**
- **葉を楽しむ植物は、根を取りすぎると株が弱ることがあるので、土と根は落としすぎないようにする。**

✱使用する鉢

主役に合う色で全体に統一感を持たせる。大きく育つことを見越してやや大きめの鉢を選ぶ。

✱プラン

【主役】
❶ヒューケラ
（クラックドアイス）×1
❷ヒューケラ
（バタードラム）×1
❸ヒューケラ
（ソーラーパワー）×1

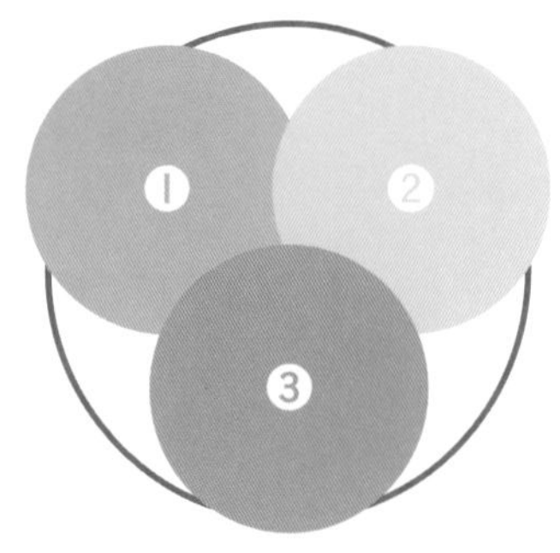

どこから見ても正面になるように、三角形に配置する。

✱手順

1 主役の葉色を好みの位置に配置する。どの方向から見てもよい寄せ植えにする。

2 1株目を植える。土と一緒に根を落としすぎると弱ることがあるので注意。

3 2株目を隣に植える。このときやや傾けて外側に葉が出るようにする。

4 最後の株も同様に植え、3株の葉の向きを調整する。

5 土を入れて棒で突き、すき間に土をしっかりと入れる。

6 最後に葉の位置を調整し、水やりをする。

アレンジ

リース仕立ての寄せ植え

紫〜赤系統のヒューケラをメインに、反対色のヒューケラを合わせ、アクセントにする。リースでは上下を決めてから配置する。

❶ヒューケラ（キャラメル、シャンハイ、フローズン・マスカット、チョコミント、ビターショコラ、ファイヤー・アラーム）●●◐○◑○／❷イベリス（ブライダルブーケ）○／❸ハツユキカズラ●

同系色の寄せ植え

ヒューケラの葉の色に合わせ、わき役の草花はシンプルなものを選ぶ。紫の反対色の緑が全体の2〜3割程度になるようにする。

❶ヒューケラ（オブシディアン、グリッター）●／❷コロキア（コトネアスター）／❸スパティフィラム○／❹スマイラックス○

ベゴニア

鮮やかな花色と、厚みと光沢のある葉が特徴のベゴニア。
八重咲き、葉色の違う園芸品種もあります。

✱使用する鉢

鮮やかな花色に合わせ、落ち着いたグレーの鉢。石のように見えるがプラスチック製で軽く使いやすい。

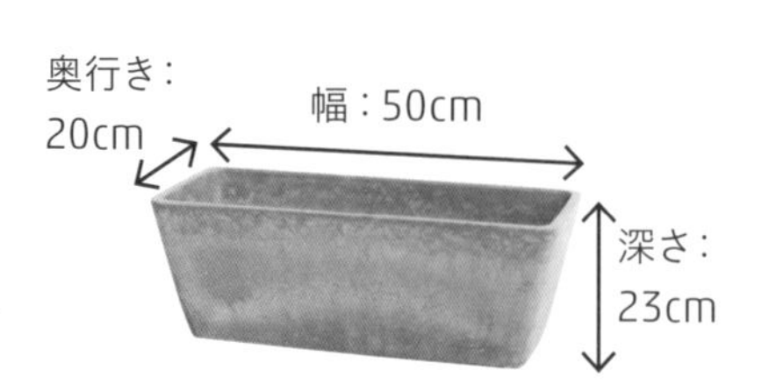

寄せ植えのポイント

- ベゴニアは茎が折れやすく、花が落ちやすいため、苗を取り出すときにはとくに注意する。
- 葉が茂りやすいので、下葉を摘み取り、浅めに植えて風通しよくする。
- 時間が経つほど茂り、飽きがこなくて長く楽しめる。

✱プラン

【主役】
❶ベゴニア（赤）×4
❷ベゴニア（白）×2
【わき役】
❸ヒューケラ（キャラメル）×1
❹リシマキア（オーレア）×2

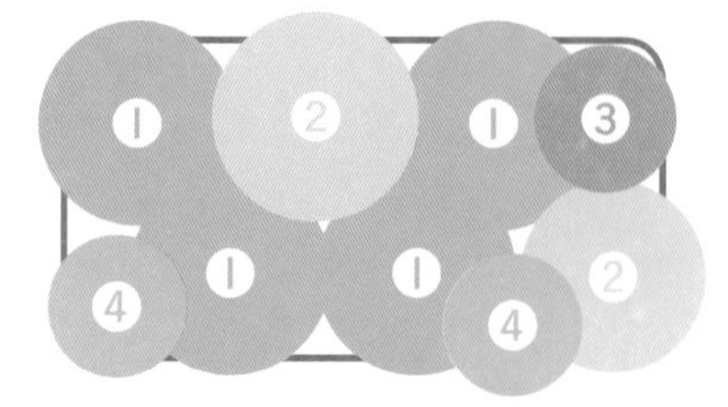

ベゴニア（赤）に合う、ベゴニア（白）と花色に調和するリーフを合わせる。

✻手順

1 ベゴニアの赤と白の配置を自然に見えるように、左右非対称に並ぶように調整する。

2 ベゴニアは株元が蒸れやすいので下葉を摘み取り、風通しをよくする。

3 バランスを見ながらベゴニアの位置を調整する。葉が土につかないように浅めに植える。

4 ヒューケラを正面右奥に、鉢から垂らすようにやや傾けて植える。

5 リシマキアは左と右手前に鉢から葉が垂れるように向きを調整して植える。

6 土を入れて棒で突き、すき間に土を詰める。葉が汚れやすいので注意。形を整えて水やりをする。

銅葉の葉と花を生かす

主役の葉と花を生かすために同系色の花を合わせ、反対色の葉をアクセントに。鉢も主役に似合う色を選ぶと全体がまとまる。

❶ベゴニア●／❷ヒューケラ●／❸サルビア（チェリー・セージ）●／❹リッピア○

小花を生かすハンギング

主役の鮮やかな色の小花は、ボリューム感がある。わき役は、同系色・抑えた色のリーフでまとめる。

❶ベゴニア・センパフローレンス●／❷コリウス●／❸ピットスポルム◐／❹アメリカヅタ◐

淡い色でまとめる

淡いピンクの主役に同系色のリーフを合わせる。鉢の色に近い濃い色のリーフで足元を隠せば、鉢と草花が一体になる。

❶ベゴニア●／❷トラディスカンティア●／❸アルテルナンテラ●

ペチュニア

ペチュニアの花は白、ピンクのほか、シックな色も豊富で
初心者にも扱いやすい花のひとつです。

寄せ植えのポイント

- **下葉は濡れたり土に潜り込み、傷みやすいので摘み取る。風通しもよくなる。**
- **つぼみが次々と上がってくるので、終わった花は、花のつけ根を持って摘み取る。**

✱ 使用する鉢

濃いピンクの花に合う暗めのベージュの鉢を使う。プラスチック製なら軽くて扱いやすい。

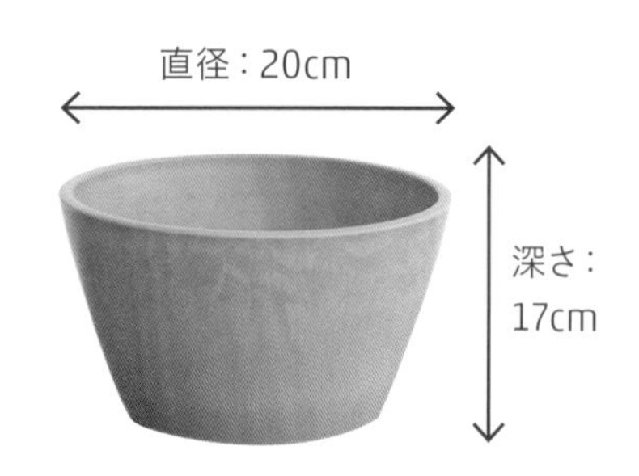

✱プラン

【主役】
❶ペチュニア×2
【わき役】
❷シレネ(ピンクパンサー)×1
❸グレコマ(バリエガータ)×1

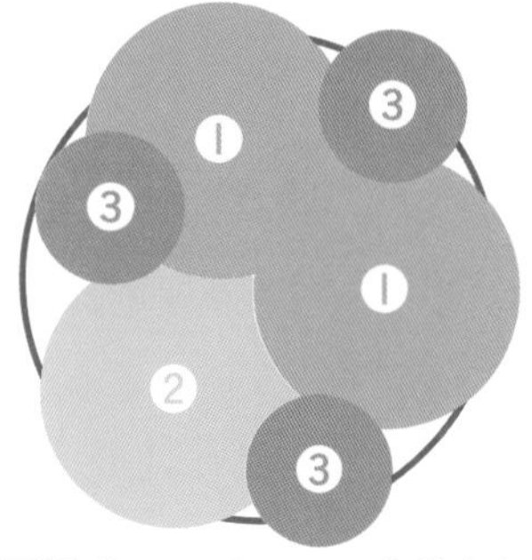

同系色のペチュニア2株とシレネで三角形をつくり、外側のすき間をグレコマで飾る。

✱手順

1 ペチュニア、シレネの正面を決めて配置を考える。グレコマは3つに分けて配置するイメージを。

2 ペチュニアは下葉や土につく葉を摘み取り、花が正面を向くように植える。

3 シレネは枝が鉢から垂れる位置を正面にして植える。

4 グレコマは株分けをして3株に分ける。先に植えたもののすき間にそれぞれ植える。

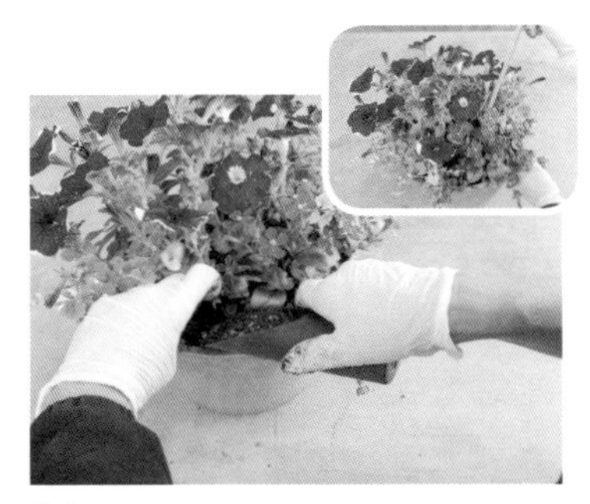

5 土を入れて棒で突き、すき間に土を詰める。

6 グレコマの葉をシレネの間に通すなど全体を調整してから水やりをする。

ペチュニア アレンジ

同系色の寄せ植え

黄色と緑色の花を主役にした同系色の寄せ植え。ボリュームを持たせるために、わき役は同系色のコデマリを最小限に、ブレイニアの濃い色でメリハリをつける。ペチュニアは次々と花が咲いてくるので、はじめは花数が少ないくらいがちょうどいい。

❶ペチュニア ○○／❷ブレイニア（夕焼け小焼け）●／❸コデマリ（ゴールドファウンテン）○

シックな色の組み合わせ

ニュアンスカラーのペチュニアを主役にした寄せ植え。花色が個性的なので、わき役は同系色のものを選んで組み合わせ、主役を引き立てる。わき役のハゴロモジャスミンはグリーンとして使いつつ、つぼみから開花まで変化を楽しめる。

❶ペチュニア（カプチーノ、シルキーラテ）◐○／❷ハゴロモジャスミン●／❸ヒューケラ●／❹ コプロスマ（アケロサ）●

同系色の濃淡を組み合わせて

主役のペチュニアは八重咲きで花色が濃いため、わき役には白系統に同系色の入ったものを合わせ、色の濃淡をつける。主役の花色は青系統の紫なので、ツリー・ジャーマンダーの青みがかったグリーンとよく似合う。

❶ペチュニア●／❷エロディウム（スウィート・ハート）◑／❸ツリー・ジャーマンダー（アイス・キューブ）／❹ ラミウム（ガリオブドロン）◐

淡い色のリース仕立て

淡い黄色と白色のペチュニアを主役にリース仕立てに。花の形が似て小さい、わき役のカリブラコアは、全体の色、形のアクセントになる。全体に丸い花が目立つため、ウエストリンギアの葉で変化をつける。

❶ペチュニア◯◯／❷カリブラコア（ティフォシー）◯／❸ウエストリンギア◐

同系色の組み合わせ

ペチュニアは濃い紫と白ベースの紫を組み合わせ、ハンギングに寄せ植え。ブルーデージーは白色の花を選び、またグリーンには濃い色を使わないことで主役をより引き立てる。

❶ペチュニア（藤色小町など）●◐／❷ブルーデージー（ペガサス）◯／❸イボタノキ（忘れ雪）◐／❹リシマキア（オーレア）◯／❺ロータス（ブリムストーン）◐

同系色の寄せ植え

濃さの違うピンク色の主役を合わせた寄せ植え。対称になるように植えることで、どこから見ても楽しめる。わき役のラミウムは同系色の花が咲き、白色のバーベナで主役の色を生かす。

❶ペチュニア●●●／❷バーベナ（ホワイトスター）◯／❸ラミウム・ラミ（ブラッシュ）◐

黒色でまとめる

目を引く黒色のペチュニアをメインにしたリース。主役が目立つ色なので、合わせる色は同系色のコクリュウと、白系統のグリーン。シルバーのオレアリアとバイカラーのワイヤープランツがアクセントになる。

❶ペチュニア●／❷オレアリア（アフィン）／❸ワイヤープランツ◐／❹コクリュウ●

ペンタス

ペンタスは春から秋まで星のような形の小花が咲き続けます。
花がよく目立つので主役にぴったりです。

寄せ植えのポイント

- 株を多く入れるため、ペンタスは下葉を摘み取って、蒸れを防ぐ。
- ペンタスは花期が長いので、わき役は花や葉が長持ちするものと組み合わせる。
- 寄せ植えの中央にすき間ができやすいので土をしっかりと入れる。

✱使用する鉢

シックなテラコッタの鉢。株を多く入れるので広めのものを選び、ボリュームのある仕上がりに。

✱プラン

【主役】
1ペンタス×5
【わき役】
2ユーフォルビア
（ダイヤモンドフロスト）×1
3ロニセラ
（レモンビューティー）×1

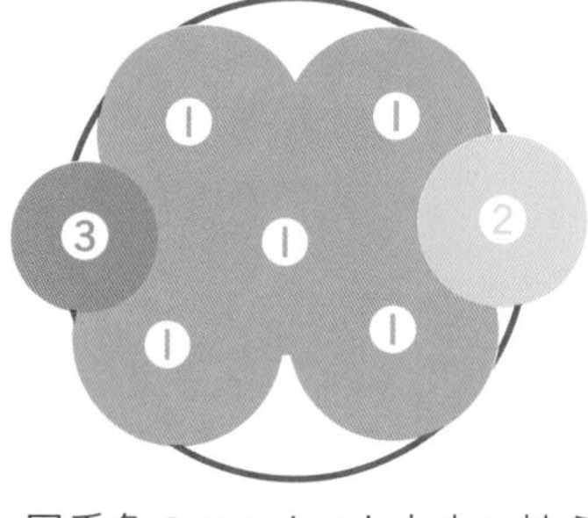

同系色のペンタスを中央に植えてボリュームを出す。左右にわき役を配置する。

✱手順

1 中央に植えるペンタスの配置を考え、左右のわき役の位置を決める。

2 すべてのペンタスは蒸れ防止のために、下葉を摘み取って風通しをよくする。

3 ペンタスを1株ずつ植える。ボリュームを出すためにできるだけ中央に寄せる。

4 正面右側のペンタスに合う、白色の花のユーフォルビアを植える。

5 正面左側にはロニセラを植える。やや正面に傾けて葉が目立つようにする。

6 土を入れて棒で突き、葉の位置を調整して水やりをする。

アレンジ

反対色で強調する

主役の赤色のペンタスは、反対色のグリーンで強調。わき役のトレニアの花色がアクセントに。

❶ペンタス（アップルブロッサムなど）●●／❷オレガノ（カルカラータ）○／❸トレニア（マジェンタムーン）◐

背の高い組み合わせ

全体に高さのあるわき役でそろえ、上～中段の目立つ位置に主役を持ってくる。

❶ペンタス（スタークラスター）○／❷コレオプシス○／❸アフェランドラ（ダニア）◐／❹ミョウガ◐／❺ヒューケラ（メガキャラメル）●

濃い色で縁取り

白・ピンク色の主役は中央に配し、割合を多くする。まわりを縁取るように色の濃いわき役で囲む。

❶ペンタス（アップルブロッサムなど）●○／❷トウガラシ（パープルフラッシュ）◐／❸アルテルナンテラ（レッドフラッシュ）●／❹メギ○

マリーゴールド

Marigold

ビタミンカラーのマリーゴールドは丈夫で育てやすく、
黄色やオレンジ色の花を長期間咲かせてくれます。

寄せ植えのポイント

- 花色をたくさん入れたい場合は、1ポットに複数の花が咲く苗を使用する。1株ずつが小さく育って、花数も多くなりボリュームもアップ。
- わき役も主役に合わせ、全体に黄色系でまとめる。

✱使用する鉢

主役の花の主張が強いので、
落ち着いた白色の鉢を使う。

✱プラン

【主役】
①マリーゴールド× 2
【わき役】
②ユーフォルビア
（ダイヤモンドフロスト）× 2
③ココメウツギ× 1

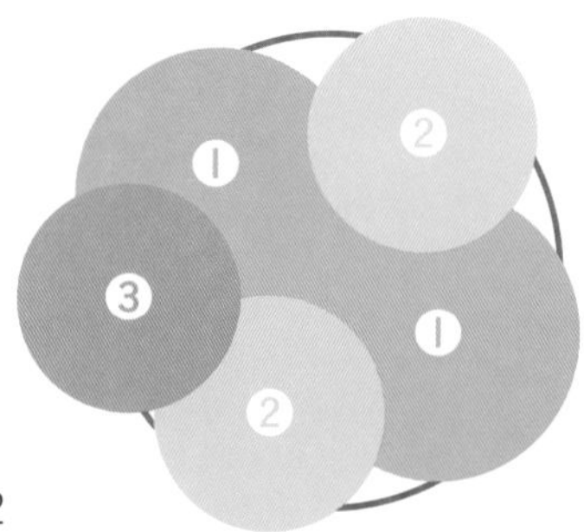

マリーゴールドとわき役を対称に植え、どこから見ても見栄えのよい配置に。

✱手順

1 マリーゴールドとユーフォルビアを対角線上に配置。花数を生かした茂る寄せ植えに。

2 マリーゴールドの花が、中央から外側へ広がるように向け、対角線上に植える。

3 マリーゴールドとクロスするようにユーフォルビアを植える。

4 正面のユーフォルビアと並べてコゴメウツギを植える。

5 花・葉の位置を調整する。ユーフォルビアをマリーゴールドの間にくぐらせると全体になじむ。

6 土を入れて棒で突き、すき間に土を入れて水やりをする。

アレンジ

グリーンで引き立てる

主役の花に力があるため、わき役はリーフを使って花を引き立てる。葉の形などで変化をつけ、白・類似色のカラーリーフを合わせる。

❶マリーゴールド◐／❷イワナンテン◐／❸ユーフォルビア（ダイヤモンドフロスト）○／❹ウンシニア（エバーフレーム）●／❺シッサス●

シックにまとめる

濃い花色の主役に、濃い紫系のわき役とモミジバゼラニウムを合わせる。鉢も草花に合わせ、同系色で重厚感のあるもので全体をまとめ上げる。

❶マリーゴールド（ストロベリーブロンド）●／❷ユーフォルビア（ルビーグロー）●／❸モミジバゼラニウム◐

ミニバラ

「花の女王」バラも、ミニなら寄せ植えで楽しめます。
単体でも十分見ごたえがあるので、合わせる草花は抑え気味にします。

寄せ植えのポイント

- ミニバラは葉が多いので、蒸れを防止するために、葉は適度に摘み取る。
- 花が咲いている場合は、根を触りすぎると花が傷むため、根と土を落としすぎないように注意する。

✱使用する鉢

花色を引き立てる淡いブルーの鉢。花に力があるので、鉢もある程度目立つものでもバランスが取れる。

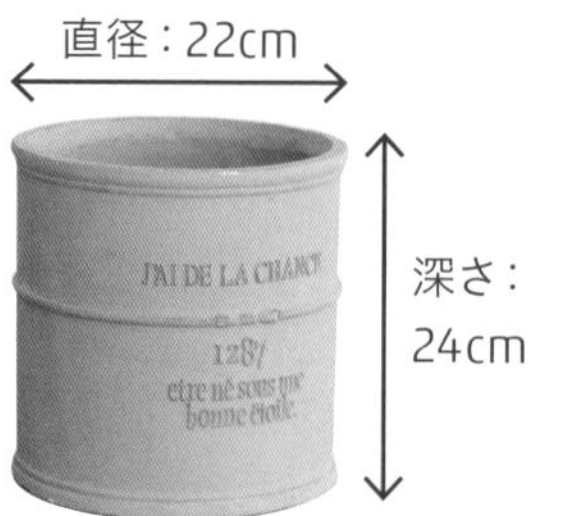

✱プラン

【主役】
❶ミニバラ（ミス・ピーチ姫）×2
【わき役】
②シレネ（ピンクパンサー）×1
❸カリブラコア（ティフォシーアンティークシリーズ）×1
④ラミウム（ガリオブドロン）×1

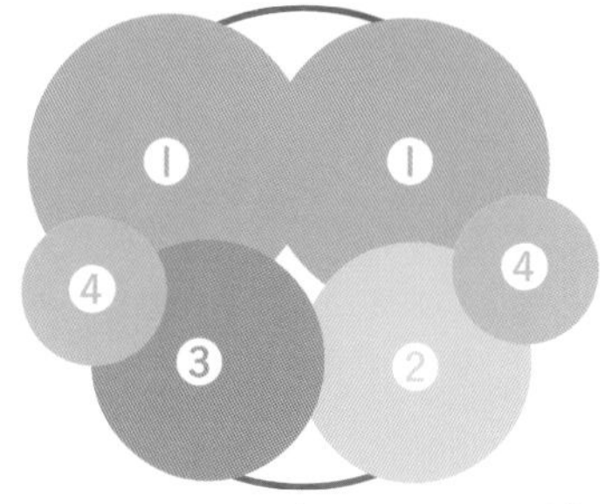

上段にミニバラ、中〜下段に同系色のシレネ、濃い紫色のカリブラコアで引き締める。ラミウムのつるで動きを出す。

✱手順

1 花の正面を見ながら全体の配置を考える。

2 ミニバラを植える。花が咲いているとき、土と根を落としすぎると花が傷むので、落としすぎない。

3 もう1株ミニバラを植えたら、シレネを植える。寝かせるように角度をつけ、花を正面に向ける。

4 カリブラコアは株分けし、花が同じ向きになるように再び合わせ、角度をつけて花を正面に向ける。

5 ラミウムは株分けし、左右に配置する。斑入りの葉でアクセントとなり、つるで動きを出す。

6 枝や花の向きを調整し、葉が茂りすぎている部分を摘み取る。土を入れて突き固め、水やりをする。

ミニバラ アレンジ

赤みがかった色でまとめる

濃い黄色のミニバラに、ユーフォルビアのユニークな花と、ペルシカリアの葉がアクセントに。赤みがかった黄色のバラには、同じ系統のペルシカリアの葉を合わせ、全体に統一感を持たせる。ユーフォルビアは、ミニバラの間を通してバランスよく配置する。

❶ ミニバラ●／❷ユーフォルビア(ルビーグロー)●／❸ペルシカリア（レッド・ドラゴン）●

緑のグラデーションで花を引き立てる

淡いピンク色のミニバラを引き立たせる寄せ植え。葉の形・色の違う、ネペタ、タイム、ウエストリンギアで緑色のグラデーションを作り、ミニバラを引き立てる。バーベナの濃い色は、アクセントに。

❶ ミニバラ●／❷バーベナ（花手毬・絢・さんごいろ）●／❸ ネペタ（ライムライト）●／❹ ウエストリンギア（モーニング・ライト）◐／❺タイム（斑入り）◐

同系色の赤色でまとめる

花数が多いミニバラを中心に、高さのある同系色のサルビアで色をまとめ、葉で変化をつけた寄せ植え。斑入りのアジュガやヘデラで、鉢からこぼれるように緑をはわせ、動きをつける。サルビアとミニバラの中間にアスチルベがあることでワンポイントとなる。

❶ ミニバラ●／❷サルビア（チェリー・セージ）●／❸ アスチルベ●／❹ヘデラ◐／❺アジュガ（斑入り）◐

反対色でアクセントに

葉のグリーンをベースに、黄色のミニバラを引き立たせる寄せ植え。上段と下段に配置したイソトマ、ボックセージの反対色の青色で全体を引き締める。中段には小花がかわいらしいシネラリアで統一感を出す。

❶ ミニバラ ／❷イソトマ ／❸ボックセージ ／❹ シネラリア

同系色の寄せ植え

ミニバラがよく目立つ色なので、わき役は同系色で形のおもしろいリシマキアを合わせる。ほかは白系統のもので調和。濃い色のミニバラをより印象的にするために、高さのある鉢を使いノブドウを垂らしてエレガントに。

❶ ミニバラ ／❷アンゲロニア(セレナ) ／❸マーガレット(チェルシーガール) ／❹リシマキア(ボジョレー) ／❺ノブドウ (エレガンス)

白でまとめる寄せ植え

飽きのこない白を主役とした組み合わせ。ミニバラと調和するように、わき役の花色も合わせ、白色の斑の入ったリーフでまとめる。全体の色合いを引き締めるために、濃い葉色のリシマキアを植え、鉢のふちが隠れるようにリーフ類を垂らす。

❶ ミニバラ／❷フクシア／❸リシマキア／❹ヘデラ／❺ユーフォルビア／❻ユーフォルビア (ダイヤモンドフロスト)

動きのある寄せ植え

ミニバラを生かすようにわき役の花を配置する。色合いの近いバーベナで調和、ミニバラより小さいカリブラコアは足元に配置して濃い花色で全体を引き締める。鳥かごのような鉢から花がこぼれるように広がるとナチュラルな印象に。

❶ ミニバラ (グリーンアイス) ／❷バーベナ (桜スター) ／❸カリブラコア (ティフォシー・ローズピンク) ／❹カリブラコア (アンティークNo.29) ／❺ヨモギ (アルテミシア)

ランタナ

花が咲き進むにつれ、色が変化するために「七変化」とも呼ばれます。
茂りやすいので、きつく植えすぎないように注意します。

寄せ植えのポイント

- ランタナは、蒸れるシーズンに出回るので、下葉は摘み取る。
- 鉢の縁を草花で隠し、下から見ても見栄えのする寄せ植えに。
- ランタナは茂って垂れ下がる性質なので、こんもりと茂り、360°どこから見ても正面になる。

✱使用する鉢

主役が垂れ下がるので、鉢は高さのある脚つきの白いグラスファイバー製。脚の角を正面にする。

✱プラン

【主役】
①ランタナ×3
【わき役】
②オレガノ(カントリークリーム)×1
③フィカス・プミラ×2

中央にオレガノを植えてボリュームを出し、ランタナとフィカス・プミラが三角形になるように配置する。

✱手順

1 鉢の角を正面にし、主役とわき役の植える場所を考える。

2 中央にオレガノを葉の表が正面を向くように植える。

3 ランタナは蒸れ防止のために下葉を摘み、オレガノを囲むように三角形に植える。

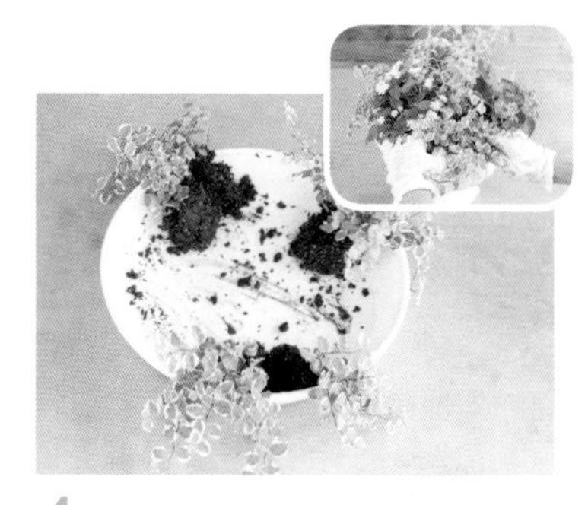

4 フィカス・プミラ２株は株分けをして組み合わせ、３株にしてランタナのすき間に植える。

5 土を入れて棒で突き、すき間に土を入れる。中央に土を入れ忘れないよう注意。

6 オレガノはランタナのすき間から出るようになじませ、水やりをする。

ランタナ アレンジ

花の大きさをそろえる

ランタナの花に、ジュズサンゴの小さな赤い実をアクセントにした寄せ植え。わき役の実、葉を合わせることで、ランタナの花が主役として立つ。コリウスの葉が緑色〜白色をつなぐ役割を果たす。

❶ランタナ（ムーンホワイト）○／❷ジュズサンゴ●／❸コリウス（小粋なサンディ）○／❹メギ●

垂れ下がる寄せ植え

主役とわき役に茂って垂れ下がるタイプのリーフを組み合わせて、バスケットからこぼれるように茂る寄せ植え。ランタナのオレンジ系と同系色の草花を合わせて色をまとめる。

❶ランタナ◐○／❷コプロスマ（イブニンググロー）◐／❸ペペロミア●／❹リシマキア（オーレア）○／❺ヘデラ●／❻リシマキア（リッシー）◐／❼テイカカズラ（黄金錦）○

花の形で変化をつける

ランタナの白色の小花に、花の形が特徴的なわき役の花を合わせ、飽きないように変化をつける。主役を中央に配置して、わき役の花とライトグリーンのイポメアで縁取り、涼やかな印象に。

❶ランタナ（ムーンホワイト）○／❷ロベリア（プリンセスブルー）●／❸パキスタキス（ルテア）○／❹イポメア（テラスライム）○／❺トレニア（サマーミスト）●

4章

秋の寄せ植え

秋らしい色の草花の苗が
9月前後に出回ります。
早いものでは夏に出はじめるものもあります。
初夏と同じく植物の生育に最適な季節です。

エキナセア

エキナセアは咲き進むと花びらが下がるユニークな花です。
丈が低い品種もあり、色数も豊富です。

寄せ植えのポイント

- **クリーム色のエキナセアの花とわき役のリーフをベースに、主役の赤色を引き立てる。**
- **葉の形の違う、ヨーロッパブドウも色のトーンを合わせる。**
- **ハゲイトウは黄色系のものを使う。株の中で色が紫系のものは別の寄せ植えに使用する。**

✱使用する鉢

落ち着いた色合いの鉢は、色のトーンが黄色の花に合い、赤色の花を引き立てる。

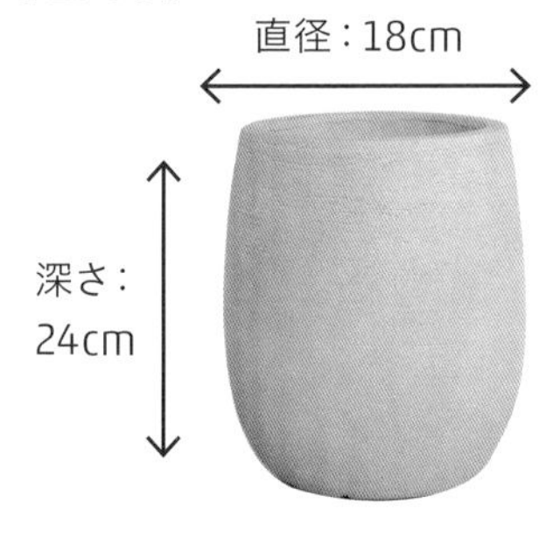

✱プラン

【主役】

1 エキナセア
（ダブルスクープ・レモンクリーム）×1

2 エキナセア
（ダブルスクープ・マンダリン）×1

【わき役】

3 ハゲイトウ（舞華火）×1

4 ヨーロッパブドウ（プルプレア）×1

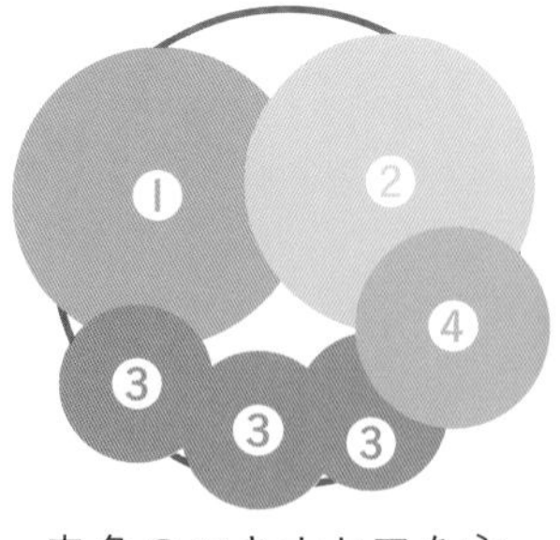

赤色のエキナセアを主役に、同系色のわき役をまわりに配置。

✱手順

1 エキナセアの花の正面を決め、配置を考える。

2 エキナセアは枯れた葉や下葉を摘み取ってから植えつける。

3 ハゲイトウは3つに株分けをし、鉢からこぼれるように植える。色のトーンが合わない葉の株は除く。

4 ヨーロッパブドウは、枝が正面に流れるように植える。

5 土を入れて棒で突き、すき間に土をしっかりと詰める。

6 花や葉の位置を調整したら、水やりをする。

アレンジ

同系色の寄せ植え

ピンク～赤系統のエキナセアを主役に、白花・淡い紫色のわき役の花で軽く見せる。

❶エキナセア（ワイルドベリーほか）●●／❷アンゲロニア（エンジェルス）●／❸赤葉センニチコウ（レッドフラッシュ）●／❹セイロンライティア（バニラクラッシュ）○／❺テイカカズラ●

色の濃淡を使って

葉や花・実の色が濃いものを選び、主役の淡い色を引き立てる。ポーチュラカで色が重くなりすぎないようにする。

❶エキナセア●／❷トウガラシ（ミモト）●／❸クフェア●／❹ヒューケラ●／❺テマリシモツケ（オールブラック）●／❻ポーチュラカ◐

色の変化で立体感を

緑色と黄色を組み合わせた、同系色の寄せ植え。上段から下段にかけて緑色から黄色に色が変化するように配置し、立体的に。

❶エキナセア（グリーンジュエル）○／❷センニチコウ○／❸ハゴロモジャスミン（フィオナサンライズ）○／❹ディソイディア●／❺ユーフォルビア（ウルフェニー）●

キキョウ

Balloon flower

秋の七草に数えられるキキョウですが、苗は夏頃から出回ります。
花は涼し気な青紫色のほか白色やピンク色があります。

寄せ植えのポイント

- 秋に向かう寄せ植えをイメージし、花の色をベースに渋めのリーフ類を合わせる。
- やや紫がかったリーフ類を使い、花との色を合わせ、葉の形で主役の花を引き立てる。

✱使用する鉢

花に合わせて和風の陶器製の鉢を使い、全体に渋めに仕上げる。

直径：23cm

深さ：16cm

✱プラン

【主役】
❶キキョウ× 2
【わき役】
❷コリウス（ブラックマジック）× 1
❸ヒメタカノハススキ× 1
❹ヒューケラ
（ドルチェ・チョコミント）× 1

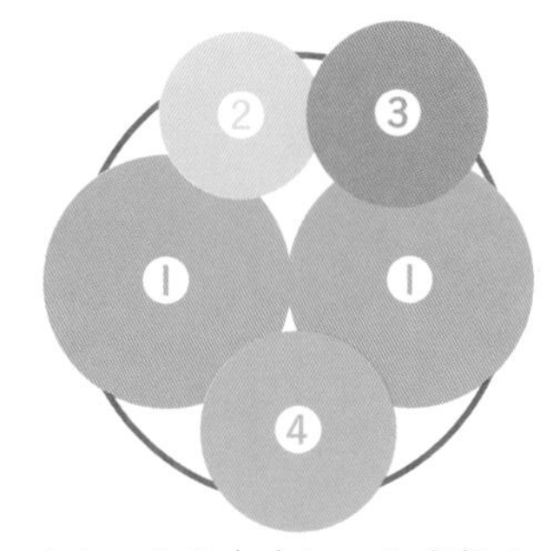

キキョウを中央に、わき役のリーフ類はバランスを見ながら配置する。

✱手順

1 キキョウの正面を決め、手前に鉢から垂れるヒューケラ、奥に残りのリーフの植え場所を考える。

2 鉢の中央にキキョウを2株植える。植えつけ前には蒸れ防止に下葉を摘み取る。

3 左奥にコリウスを植えてキキョウの背景にする。

4 右奥にヒメタカノハススキを植える。

5 手前で鉢から葉がこぼれるようにやや傾けてヒューケラを植える。

6 土を入れて棒で突き、花や葉の向きを調整し、水やりをする。

アレンジ

明るい色のリーフで主役を挟む

わき役のリーフ類は、白色の入った明るい色で上下を挟み、中段のキキョウを引き立てる。主役の花が単調にならないように白色のものも合わせる。

❶キキョウ●○／❷ペルシカリア（シルバードラゴン）◐／❸リシマキア（リッシー）◐

反対色で引き立てる

主役とは反対色の黄色の花、リーフ類をベースにして主役のキキョウを目立たせる。コンロンカ、ノブドウの黄色の花と白色の葉を上下段に配置し、中央にキキョウを植える。

❶キキョウ●／❷コンロンカ○／❸ノブドウ（オーレア）○

キク

Florists' daisy

花びらが幾重にも重なり、花色が豊富なキク。
咲き方もさまざまあって寄せ植えにも使いやすい花です。

寄せ植えのポイント

- キクの花色と同系色のわき役でまとめて、手軽で簡単にできる寄せ植え。
- キクの葉の色が濃いので、わき役のリーフは明るいものを選ぶ。
- 花が落ちやすいので、苗を取り出すときに注意する。

✱ 使用する鉢

和風の花とよく似合う陶器の鉢。鮮やかな花色を生かす落ち着いた色を選ぶ。

直径：21cm

深さ：13cm

✱プラン

【主役】
❶キク(風車菊)×1
❷キク(ダンテ)×2
【わき役】
❸プリペット(レモンライム)×1
❹ユーパトリウム(チョコレート)×1

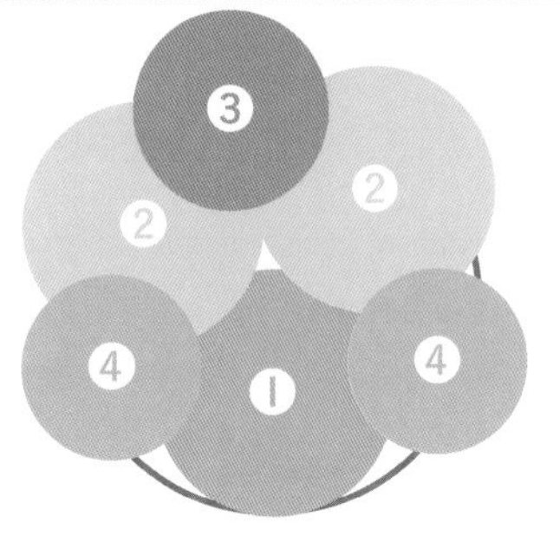

同系色のキクを三角形に配置し、わき役のリーフ類を間に入れていく。

✱手順

1 キクは正面を向け、色のバランスを見て位置を決める。キクの色に合わせてわき役を配置する。

2 キクは三角形になるように植える。蒸れ防止のために下葉を摘み取る。

3 プリペットは淡い色のキクの間に植えて色味を足す。

4 ユーパトリウムは株分けをして、黄色のキクを挟むように、手前の左右に植える。

5 土を入れて棒で突き、しっかりと土を詰める。

6 花や葉の向きを調整したら水やりをする。

キク

アレンジ

シックにまとめる

深い紫色のキクと、淡い白色のキクが主役の寄せ植え。黒色のトウガラシとやや紫がかったアステリアの葉の落ち着いた色味で、主役のキクを引き立てる。白色の鉢で、寄せ植えを際立たせる。

❶キク(ダンテ) ●◑／❷トウガラシ(ブラックパール) ●／❸アメジストセージ●／❹ロフォミルタス(マジックドラゴン) ◐／❺アステリア(ウエストランド) ◐

グリーンで色味を統一

ポンポンギクを主役に、同系色の淡い色のユーパトリウムとペニセタムの葉で色を合わせる。赤紫色と緑色のルメックス・サンギネウスと、赤紫色のケイトウがアクセントになり、全体の印象を引き締める。

❶ポンポンギク ／❷トサカケイトウ●／❸ペニセタム(月見うさぎ) ●／❹ルメックス・サンギネウス(ブラッディ・ドッグ) ◐／❺ユーパトリウム(ピンクフロスト) ◐

明暗をつけた寄せ植え

上段にシックな色のキクとユーパトリウムの落ち着いた色でまとめ、黄色のブリキの鉢と足元のルブスで手前側を明るくし、主役のキクをより引き立てる。

❶キク(ダンテ) ●●／❷イソギク ／❸カルーナ(ガーデンガールズ) ●／❹ユーパトリウム●／❺ルブス(サンシャインスプレンダー) ○

同系色の寄せ植え

ピンク〜紫色のキクを組み合わせ、わき役のルブスやハクチョウゲの葉で明るい印象に。花の大きさ、咲き方の違う主役を合わせることで全体ににぎやかな秋の雰囲気に仕上げる。

❶キク（ダンテ、風車菊、野紺菊）◐○ ◗／❷ハクチョウゲ◐／❸アルテルナンテラ（パープルプリンス、千日小坊）◗●／❹ルブス（サンシャインスプレンダー）○

茂る寄せ植え

鉢を覆うように咲くマム（菊）を使い、茂る寄せ植えに。同系色の花で統一し、落ち着いた色のリーフ類でまとめる。黄色のコウシュンカズラとアルテルナンテラで明るい色味を補う。

❶ガーデンマム（ジジ）●／❷銅葉ダリア●／❸赤葉センニチコウ●／❹コウシュンカズラ○／❺クフェア●／❻アルテルナンテラ◐

左右対称の寄せ植え

黄色とオレンジ色の同系色のマムを左右対称に配置。変化をつけるために、左右奥のわき役をまったく違うタイプに替える。中央にはスーパーアリッサムとカルーナの明るい色のラインで左右を分ける。

❶ガーデンマム(ジジ)●○／❷スーパーアリッサム◐／❸アルテルナンテラ●／❹カルーナ○／❺カレックス　／❻プリベット（レモンライム）●

ケイトウ

Plumed cockscomb

ケイトウは、鮮やかな色と独特な花の形が特徴です。
暑さに強く、残暑の時期にも最適な寄せ植えです。

寄せ植えのポイント

- 複数の色の株が混ざっているミックス系の苗を使えば、少ないスペースでもにぎやかになる。
- ミックス系の苗は、茎が密集しているため深く植えない。
- 通常の苗は長期間花が続くが、ミックス系の花は、およそ1カ月ほど。

✱使用する鉢

茂る寄せ植えにするために口が広い鉢を選ぶ。淡い色のテラコッタで花を引き立てる。

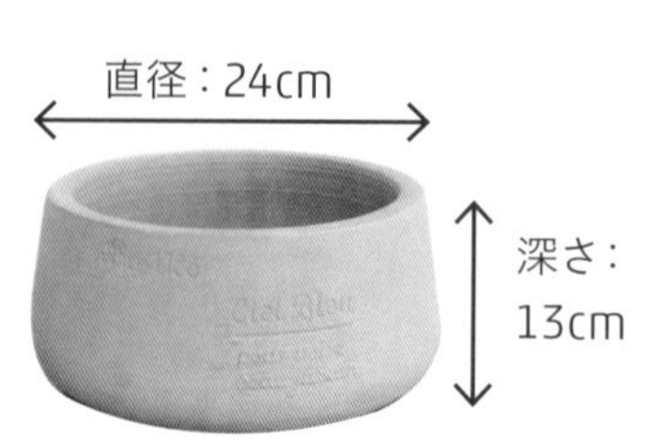

✱プラン

【主役】
1 ケイトウ×2
【わき役】
2 シネラリア
（ゴールデンシャワー）×1
3 ロータス
（ブリムストーン）×1

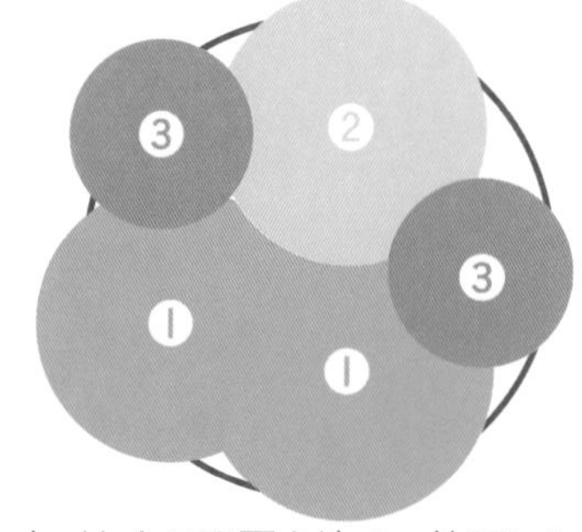

ケイトウの正面を決め、前面にケイトウ、その奥にわき役を配置する。

✱手順

1 ケイトウの正面を選び、全体の配置を決める。

2 ケイトウは正面前面に 2 株植える。ミックス系の苗は複数の株がひとつのポットから伸びる。

3 シネラリアをケイトウの奥右側に植える。

4 ロータスは株分けをして、奥左側とケイトウの横右側に植える。

5 土を入れて棒で突き、すき間にしっかりと詰める。

6 葉の位置を調整したら水やりをする。

アレンジ

同系色の寄せ植え

紫系のセロシア（ノゲイトウ）を主役に同系色でまとめる。わき役に黄色の花を少し入れて、アクセントに。

❶セロシア（ケロス）／❷コレオプシス（レッドシフト）／❸ニチニチソウ／❹コウシュンカズラ／❺コタキナバル／❻ヨモギ

類似色の寄せ植え

ケイトウとテイカカズラの葉を使い、類似色でまとめた寄せ植え。中央には色の濃いものを配置し、色を締める。

❶ケイトウ／❷アスター／❸スキザクリウム（ハハトンカ）／❹テイカカズラ（黄金錦）

リーフで引き立つ

主役の葉とわき役の葉が、ケイトウの花の色をより際立たせる。白色が入ったリッピアの葉で全体の色調を和らげる。

❶ケイトウ（スマートルック）／❷ヨモギ／❸リッピア（フリップ・フロップ）

シュウメイギク

Japanese anemone

すらりと伸びた茎にアネモネに似た花をつけます。
高さのある花ですが、丈の低い品種もあります。

寄せ植えのポイント

- 花は高さがあるので、引き立てる草花を選ぶ。
- 高さのある寄せ植えにし、ヒューケラで足元を隠す。
- 花が落ちやすいので、苗を取り出すときに注意する。

✱使用する鉢

主役の花色に合わせて、優しい色合いのテラコッタの鉢を合わせる。

✱プラン

【主役】
❶シュウメイギク（姫桃）×2
【わき役】
❷アメジストセージ×1
❸ヒューケラ（スペルバウンド）×1

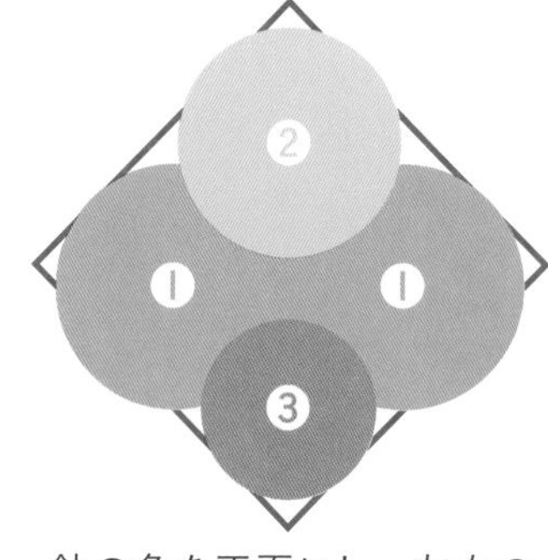

鉢の角を正面にし、左右の角に主役、前後の角にわき役を配置する。

✱手順

1 シュウメイギクの花の正面を決め、植えつける位置を決める。

2 シュウメイギクを左右の角に植える。株元の葉を摘み取り、蒸れを防ぐ。

3 アメジストセージを奥の角に植え、花が広がるように植える。

4 ヒューケラを手前の角から、葉がこぼれるようにやや傾けて植える。

5 土を入れて棒で突き、すき間に土を詰める。

6 花や葉の位置を調整したら水やりをする。

アレンジ

明暗の組み合わせ

淡いピンク色のシュウメイギクに、リーフのわき役を合わせる。色の濃いリーフをベースにすることで、明るい花色の主役が引き立つ。

❶シュウメイギク(ギオンマツリ)／❷カレックス／❸アルテルナンテラ／❹センリョウ（ダークショコラ）

白色で統一する

白色の八重咲きのシュウメイギクに合わせて白色の入ったわき役と組み合わせる。株元にはやや暗めのリーフで鉢との境を隠す。

❶シュウメイギク（セピア）／❷コプロスマ（オータムヘイズ）／❸ユーフォルビア(フロステッドフレーム)／❹ハクチョウゲ

ダリア

幾重にも重なった豪華な花のダリアは、花色も豊富です。
高さのあるものより、丈の小さい品種が寄せ植え向きです。

寄せ植えのポイント

- **ダリアらしい赤色を入れてミニの品種でも楽しめるような寄せ植えに。**
- **秋らしく実のあるわき役を入れ、主役の花と同系色でそろえる。**
- **花が落ちやすく、折れやすいので苗を扱うときは注意。**

✱使用する鉢

主役のダリアに合わせて、ポップなブリキの鉢で全体を明るい雰囲気に。

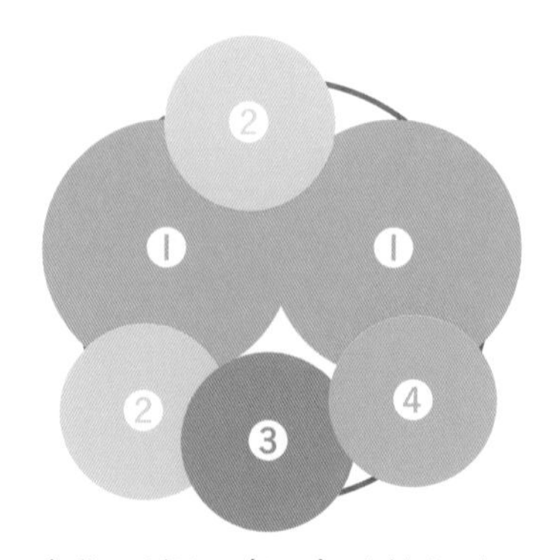

中段にダリア（ミニ）を植え、上、下段にわき役を配置して高さのある寄せ植えに。

✱プラン

【主役】
❶ギャラリーダリア×２
【わき役】
❷赤葉センニチコウ（レッドフラッシュ）×１
❸ペルネチア×１
❹セイヨウイワナンテン（レインボー）×１

✱手順

1 鉢の中央にダリアを配置し、花の色に合わせてわき役の位置を決める。

2 ダリアは蒸れ防止のために、下葉を摘み取ってから植える。

3 赤葉センニチコウは株分けをして手前と奥に植える。

4 ペルネチアは鉢からこぼれるようにやや傾けて植える。

5 セイヨウイワナンテンをペルネチアの隣にやや傾けて植える。

6 土を入れて棒で突き、葉の形を整えたら水やりをする。

アレンジ

同系色の寄せ植え

黄色のダリアに合わせて、同系色のリーフを合わせる。濃い葉色の赤葉センニチコウでアクセントをつける。

❶ギャラリーダリア ／❷サルビア(ロックンロール) ●／❸赤葉センニチコウ●／❹カレックス ／❺オレガノ（ノートンズゴールド）○／❻ヒューケラ○

高さのある寄せ植え

高さがあり花数が多いダリアは、リーフのわき役を組み合わせるだけで、十分見栄えがする。

❶ダリア ／❷ソフォラ（リトルベイビー） ／❸アステリア（ウエストランド）◐／❹フィカス・プミラ（サニーホワイト）◐

グリーンで引き立てる

葉と花が特徴的なダリアに、色の浅いリーフなどのわき役を合わせる。動きのあるリーフを選び、ナチュラルな雰囲気に。

❶銅葉ダリア（ピーチ・ラバーズ） ／❷ポリゴナム○／❸八重カルーナ○／❹ディスチャンプシア（ノーザンライン）

トウガラシ

Chili pepper

寄せ植えには主に観賞用のトウガラシを使います。
色や形などさまざまあり、主役、わき役どちらにも向きます。

寄せ植えのポイント

- 完熟したトウガラシは色が変化しにくい。未熟なトウガラシは、完熟するにつれて色の変化を楽しめる。
- 赤色をベースにして、未熟なオレンジから完熟して赤色になる、変化を楽しむ寄せ植えに。
- 実を楽しむので長持ちする。

✱使用する鉢

カラフルなトウガラシの寄せ植えには、軽い感じのブリキの鉢を使う。

✱プラン

【主役】
❶トウガラシ×４
【わき役】
❷ルメックス・サンギネウス（ブラッディ・ドッグ）×１
❸リシマキア×１

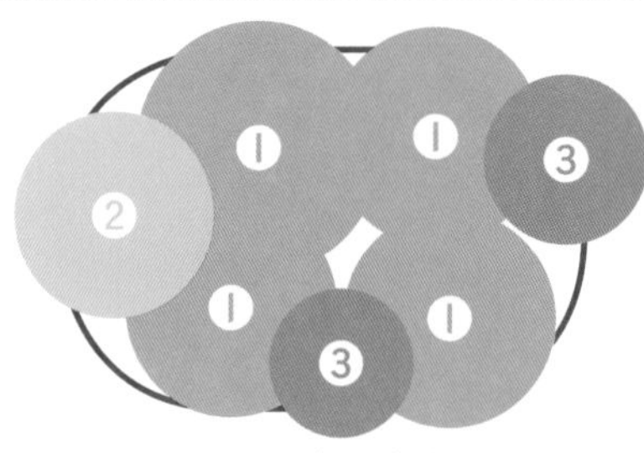

赤系統と白・紫色の主役をそれぞれ対称に植え、主役と同系色のわき役を近くに配置。

✱手順

1 トウガラシの配置を決め、わき役の位置を考えておく。

2 トウガラシは下葉を摘み取って風通しをよくしておく。

3 赤系、白色と紫色のトウガラシをそれぞれ対角線上に植える。

4 ルメックス・サンギネウスを左側に植える。

5 リシマキアは株分けをして、正面手前と右奥に植える。

6 土を入れて棒で突き、葉の位置を整えて水やりをする。

アレンジ

形状や質感の違いを楽しむ寄せ植え

主役の実、わき役の花序を同系色で合わせるものの、形状や質感の違いで変化を。わき役のリーフで明るさをプラスする。

❶トウガラシ（みもとうがらし）●／❷アカリファ(キャットテール)●／❸カリオプテリス(サマーソルベット)○

反対色の寄せ植え

主役は緑色・黄色をベースに、反対色の紫色を組み合わせて。葉色や葉形の異なるわき役のリーフで動きを出す。

❶トウガラシ（みもとうがらし、オニキスレッド、パープルフラッシュほか）●○●●／❷メギ○／❸ウエストリンギア

ルドベキア

黄色やオレンジ色、褐色の花が特徴的なルドベキア。
花期が長く、数株植えると見応えがあります。

寄せ植えのポイント

- **ルドベキアは、中心と花びらで色が違うため、合わせるわき役はどちらかに近いものを選ぶ。**
- **ルドベキアは成長すると高さが出るため、空間ができないように中〜下段をカバーするわき役を入れる。**

✻使用する鉢

主役の花色と合うものを選ぶ。丈が高くなるので、バランスを取るため高さのある鉢に植える。

✽プラン

【主役】
①ルドベキア(チェリーブランデー)×3
【わき役】
②サンブリテニア(アプリコットディーバ)×1
③メランポジウム×1
④リッピア×1

上段にルドベキア、中～下段にわき役を配置する。足元に空間ができないように、わき役は茂るものを選ぶ。

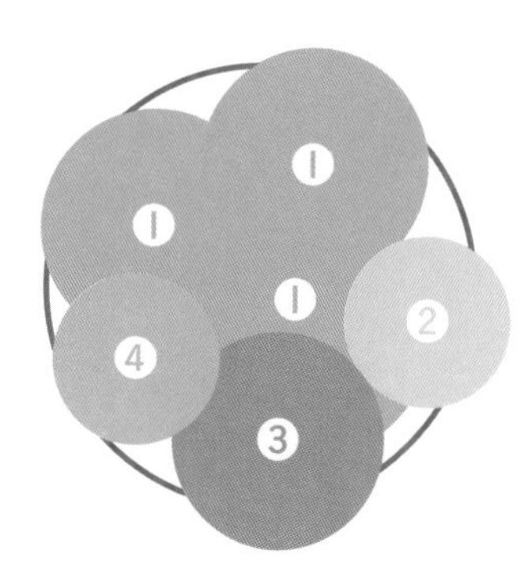

✽手順

1 花の正面を決め、主役に合わせてわき役の位置を考える。

2 ルドベキアは下葉を摘み取って風通しをよくしておく。

3 鉢の奥に3株のルドベキアを三角形に植える。

4 サンブリテニアを右側、正面にメランポジウムを鉢から垂らすようにやや傾けて植える。

5 リッピアは株分けして、葉の向きを正面に流れるように合わせ、左側にまとめて植える。

6 土を入れて棒で突き、花や葉の向きを調整し、水やりをする。

ルドベキア アレンジ

色をつないで統一感を演出

ルドベキアのしべの色と、わき役のヤブランの花色、アジュガの葉色のトーンを合わせ、色をつなぐことで統一感が出る。葉のタイプの違うわき役のグリーンを合わせて主役の花の色・形を目立たせる。

❶ルドベキア（トトゴールデン）／❷ヤブラン／❸アジュガ（バーガンディ・グロー）

3 段階の高低差をつけ空間に広がりを

花数が多く、上に向かって伸び上がるルドベキアを生かすため、足元に濃い色のアルテルナンテラ、中段にはペルシカリアを植えて、空間に広がりを出す。

❶ルドベキア（タカオ）／❷ペルシカリア（レッド・ドラゴン）／❸アルテルナンテラ（マーブルクィーン）

紫色のリーフで花色を弱め、上品に

主役となる 3 種類のルドベキアを、似た色のトーンのアルテルナンテラ、ヒューケラで挟むようにして配置。紫色の葉と組み合わせることによって、ビビッドなルドベキアの花色を弱め上品な印象に。

❶ルドベキア（チェリーブランデー、タカオ、トトレモン）／❷赤葉センニチコウ（レッドフラッシュ）／❸ヒューケラ（ドルチェ・ビターショコラ）

5章

冬の寄せ植え

寒さが厳しくなる11月以降は、
植物も成長を休む季節。
それでも花を咲かせる植物を主役に、
冬らしい花の寄せ植えをつくりましょう。

アネモネ

赤・白・紫・青色と花色が豊富で、八重咲きなどもあります。
初夏に枯れ、球根を掘り上げておけば、秋に植えつけられます。

寄せ植えのポイント

- アネモネは次のつぼみが上りにくいので、つぼみが多い苗を選ぶ。
- アネモネは葉が多いので、折れたり枯れたりしたものは摘み取る。
- 花や葉で色を入れすぎないようにすると上品に仕上がる。

✱使用する鉢

アネモネの白・青色を引き立てるナチュラルな黒色の鉢を選ぶ。土の汚れが落ちにくいので注意する。

直径：20cm

深さ：19cm

✱プラン

【主役】
❶アネモネ（絢花（あやか））×3
【わき役】
❷ワイヤープランツ×1
❸ハボタン（フレアホワイト）×1

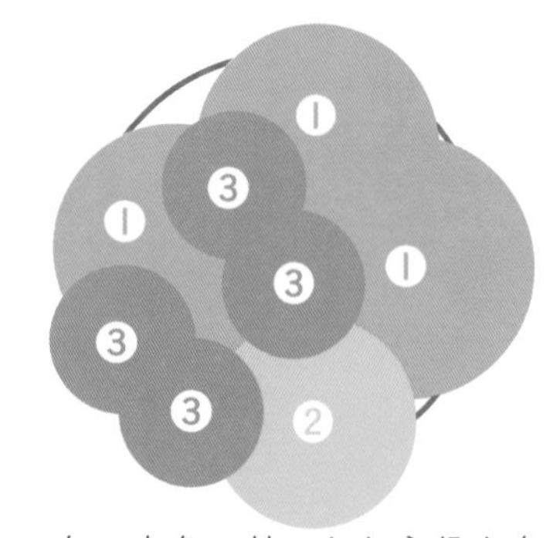

白～青色で統一した主役を奥に三角形に配置。わき役は手前に植えて足元を隠す。

✱手順

1 主役の花の正面を決め、わき役の配置場所を考える。

2 アネモネの折れた葉は摘み取り、鉢の奥に 3 株が三角形になるように植えつける。

3 ワイヤープランツを鉢から垂らすようにやや傾けて植える。

4 ハボタンは 1 株ずつ分け、中心に土が入り込まないようにする。土が入ったら逆さにして出す。

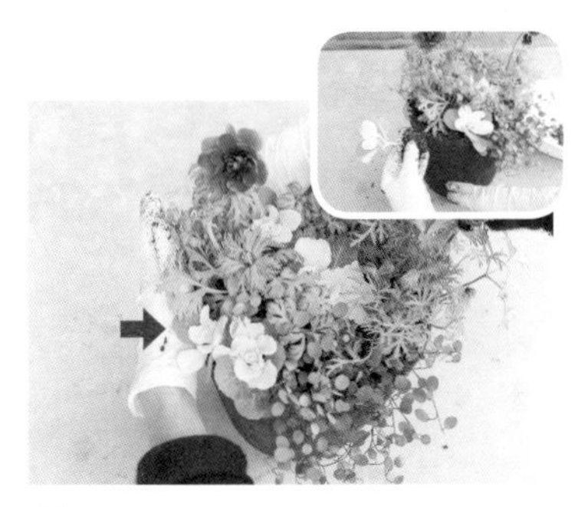

5 ハボタンを各すき間に植える。春に高く伸びるので、深めに植える。

6 土を入れて棒で突き、すき間に土を詰める。葉の位置を調整したら水やりをする。

アレンジ

同系色の寄せ植え

イエローが入った赤色の主役と、ブルーの入ったわき役の組み合わせ。主役の丈の高さを生かすため、足元にわき役を植える。

❶アネモネ（八重）○●／❷ビオラ●／❸ハボタン●／❹ハツユキカズラ●

大小変化をつけた寄せ植え

上段にボリュームのある主役を置き、小さい葉や小花のわき役を足元に植える。大きさに変化をつけることで立体的に。

❶アネモネ（八重）●／❷アリッサム○／❸クローバー●／❹斑入りキンギョソウ（ダンシングクイーン）●

エリカ

エリカは細い葉と壺のような小さな花をたくさんつけます。
花の少ない冬の時期の寄せ植えに最適です。

寄せ植えのポイント

- 同じ色調の草花を合わせ、中間色、形質感の違うものでにぎやかな寄せ植えにする。
- エリカは内側に枝が流れるように向きを調整して、外側に広がりすぎないようにする。
- 色が近いものは離して植える。

✱使用する鉢

落ち着いた色のテラコッタの鉢。次第にコケが生えてナチュラル感が出る。

直径：23cm

深さ：22cm

鉢の奥に高さのある主役とわき役を配置。手前に高さのないわき役を植える。

✱プラン

【主役】

❶エリカ（クリスタルムーン）× 1

❷エリカ（アワユキ・プリティレッド）× 2

【わき役】

❸ロフォミルタス（マジックドラゴン）× 1

❹マスタード× 1

❺チェッカーベリー（ゴールテリア・ピーチベリー）× 1

❻ルメックス・サンギネウス× 1

✱手順

1 花の正面を決め、わき役の配置場所を考える。

2 エリカは苗にコケがあれば取り除き、内側に枝が流れるように植える。

3 紅葉したロフォミルタスは株分けをする。ピンク色のエリカと離し、鉢の奥に植える。

4 エリカとロフォミルタスの色をつなぐために、単色のマスタード、チェッカーベリーを間に植える。

5 ルメックス・サンギネウスは株分けをして葉の向きを調整し、正面左に植える。

6 土を入れて棒で突き、すき間に土を詰める。枝葉の向きを整えて水やりをする。

アレンジ

色と高さのほどよいバランス

上段に主役のエリカを置き、中段に濃い色のキンギョソウ、下段に淡い色のリーフを配置して、色と高さのバランスを取る。

❶エリカ（オーテシー）◐／❷キンギョソウ●／❸ヘレボルス（ステルニー・ネオ・ゴールデンリーフ）○／❹ロータス（ブリムストーン）◐

白色で統一する

全体に淡い白色の入った寄せ植え。濃い色のわき役がアクセントに。

❶エリカ（ホワイトデライト○／❷パンジー(ミュシャ)●●／❸ストック●○／❹ヘーベ（アイスイザベラ）●／❺スーパーアリッサム（フロスティーナイト）○／❻オレアリア（リトル・スモーキー）

同系色の寄せ植え

淡いピンク色の主役の花に、同系色のわき役を合わせる。花色でグラデーションをつけることでニュアンスが出る。

❶エリカ◐／❷ガーデンシクラメン●／❸パンジー（フリル・セゾン）●／❹ルメックス・サンギネウス◐／❺マスタード（レッド・レース）●／❻ハツユキカズラ●

ガーデンシクラメン

Garden cyclamen

ガーデンシクラメンは耐寒性のあるシクラメンの品種です。
シクラメンよりも低く育ち、冬の寄せ植えの定番です。

寄せ植えのポイント

- **ガーデンシクラメンは下葉や枯れた花を摘み取ってから植える。寒さに強いが、1〜2月の厳冬期は室内で管理する。**
- **ガーデンシクラメンは中央から花が出るので、浅めに植えつける。**

✱使用する鉢

主役の花色を生かすために、シンプルでナチュラルなテラコッタの鉢を使う。

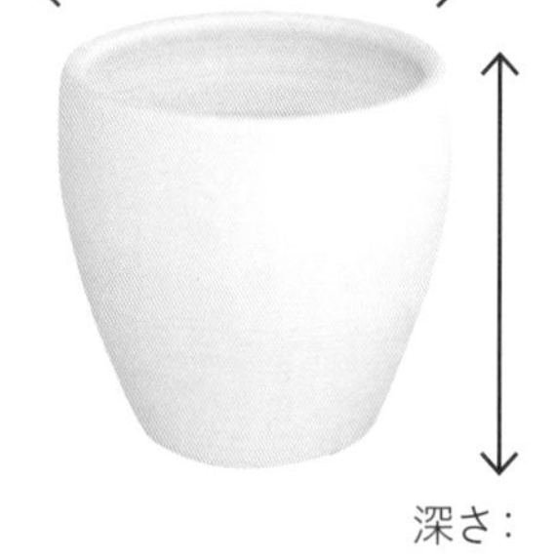

✱プラン

【主役】
❶ガーデンシクラメン×3
【わき役】
❷コニファー×1
❸スキミア×1
❹ケール×1
❺ヘデラ×1

奥に背の高いものを、手前に低いものを植える。わき役は主役と同系色を選んで配置する。

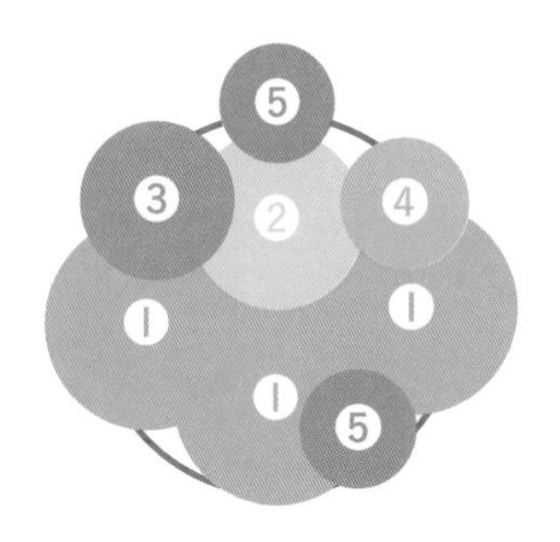

✱手順

1 主役の花の正面、わき役を配置する場所を考える。コニファーは下葉を摘み、コケを取って植える。

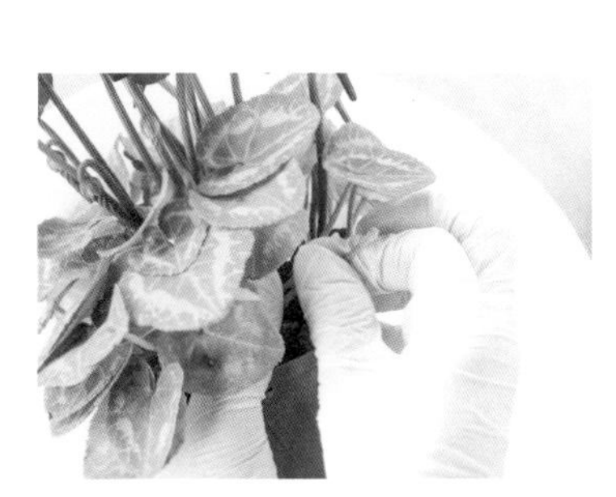

2 ガーデンシクラメンは下葉や枯れた花を摘み取る。

3 土を足し、ガーデンシクラメンをコニファーに沿うように浅めに植える。

4 根鉢を崩さないようにスキミアを取り出して植え、ケールは根鉢を小さくして植える。

5 ヘデラは株分けをして、手前と奥に植える。手前に枝が流れるように向きを整える。

6 土を入れて棒で突き、すき間に土を詰める。花や葉を整えて水やりをする。

ガーデンシクラメン アレンジ

シックにまとめる

落ち着いた色のシクラメンに合わせてわき役を選ぶ。同系色で暗い色のクローバー、ヘーベでシクラメンの葉の色とそろえ、コウチョウゲの淡い花色で主役の花を引き立てる。鉢も落ち着いたテラコッタを使い、全体にシックな雰囲気に。

❶フリンジシクラメン（森の妖精）／❷ヘーベ（アイスブランカ）／❸クローバー／❹コウチョウゲ

並べてボリュームを出す

ヘリクリサム、シクラメン、ハボタン、ヘデラの順に各一列に植えて、花のボリュームを出す。列は一直線にならないように段差をつけて変化を持たせることで、飽きのこない仕上がりになる。

❶ガーデンシクラメン／❷ハボタン／❸ヘデラ／❹ヘリクリサム

3色使いの寄せ植え

主役のガーデンシクラメンの花色に合わせて、わき役の色をピンク、白、グリーンの3色に限定。主役の色を多めにし、バランスを取る。器にかごを使うことで、ナチュラルかつロマンティックな雰囲気に。

❶ガーデンシクラメン／❷ルメックス・サンギネウス／❸アリッサム／❹バロータ　／❺カルーナ（ガーデンガールズ）／❻ワイヤープランツ

白色で統一感を持たせる

主役のガーデンシクラメンと、わき役のビオラの花色を白色で合わせる。リーフもシルバーがかったオレアリアを入れ、全体的に白色でまとめ上げ、ストロビランテスの濃い色で、色調にメリハリをつける。

❶ガーデンシクラメン／❷オレアリア（リトルスモーキー）　／❸ビオラ（森のピュアリー）／❹ストロビランテス(ブルネッティ)／❺ユーフォルビア ミルシニテス

寒さに強い3つの花で、早春を演出

花弁に濃いピンクが入ったガーデンシクラメンを主役に、フリンジ咲きのジュリアン、バイカラーのネメシアを両サイドに配置して、パステル調でまとめる。いずれも寒さに強い花なので、ひと足早い春を感じさせてくれる寄せ植えに。

❶ガーデンシクラメン◐／❷ジュリアン（イチゴのミルフィーユ）●／❸ネメシア（ニモ！ ラズベリーバイカラー）／❹ヘリクリサム

シックな紅白のリース

コクのある赤色のガーデンシクラメンを主役にしたリースの寄せ植え。シックな主役に合わせる色は、イベリスやシロタエギクといった質感の異なる白色を。タイムをすき間に挿し入れて、動きを出す。

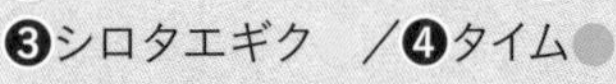

❶ガーデンシクラメン●／❷イベリス○／❸シロタエギク／❹タイム●

手前から奥へ色の濃度を高める

純白のガーデンシクラメンがハイライトとなるよう、紫のガーデンシクラメン、黒い枝に小さなシルバーの葉のスモーキーなコロキア、濃い色のヒューケラなど、落ち着いた色味を組み合わせる。左手前から奥、上方向に空間の広がりを見せる。

❶ガーデンシクラメン○●／❷コロキア（コトネアスター）◐／❸マスタード●／❹ヒューケラ（シャンハイ）●

主役を明るい色で囲んだ寄せ植え

中央に主役のガーデンシクラメンを配置し、明るい色、やや小さめの葉のイベリスやキンギョソウをまわりに添える。明るい色や小さい葉形のものを選ぶことで、主役がより引き立つ寄せ植えに。

❶ガーデンシクラメン●／❷イベリス（ブライダルブーケ）○／❸オレガノ(ケントビューティ)○／❹キンギョソウ（ダンシングクィーン）●／❺ピットスポルム（タンダラゴールド）●

クリスマスローズ

Christmas rose

クリスマスローズは通常ヘレボルス・ニゲルを指しますが、
日本ではヘレボルス・オリエンタリスなども含めて同名で流通しています。

寄せ植えのポイント

- クリスマスローズの白い花に合うように、わき役も白色で統一。
- クリスマスローズは下葉が傷みやすく、日陰をつくるため、摘み取る。
- 葉が大きく汚れやすいので、土がついたら拭き取っておく。

✱使用する鉢

長期間楽しむため、深さのある鉢を用意。白色が際立つように落ち着いた色に。

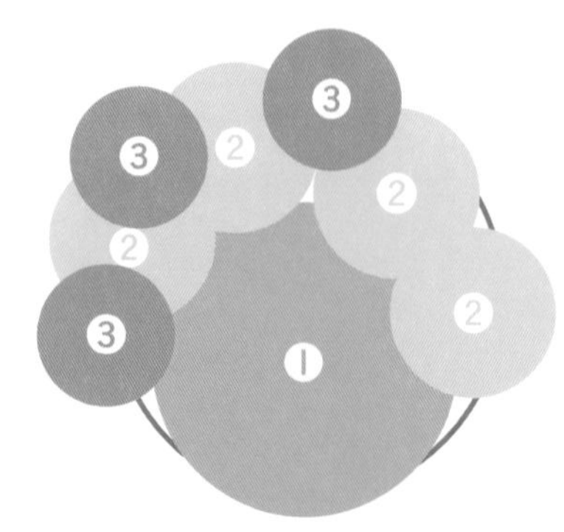

主役は正面やや左中央に配置し、そのまわりを囲むようにわき役を植える。

✱プラン

【主役】
❶クリスマスローズ
（ニゲル・ジョナス）×1
【わき役】
❷イベリス（ブライダルブーケ）×2
❸ハゴロモジャスミン
（ホワイトプリンセス）×1

✱手順

1 主役の花の正面を決め、主役に合う位置にわき役の配置を考える。

2 クリスマスローズは、コケがあれば取り除く。土につく葉は摘み取る。

3 クリスマスローズは手前中央に植える。

4 イベリスは2株を半分ずつに分け、クリスマスローズを囲むように鉢の奥に植えつける。

5 ハゴロモジャスミンは3株に分けて、葉が正面を向くように鉢の奥と左側に植える。

6 土を入れて棒で突き、しっかりと土を詰める。枝葉を整えて水やりをする。

アレンジ

主役の花色でまとめる

主役の花弁に潜む色をヒントに、白、紫でまとめる。シルバーリーフのシロタエギクをアクセントに添えて。

❶クリスマスローズ（ペニーズ・ピンク）●／❷エレモフィラ（ニベア）◐／❸アリッサム●／❹シロタエギク○

色の明暗で主役を引き立てる

わき役のアリッサムの白、ユーフォルビアの濃い紫といった色の明暗を使い、主役のクリスマスローズを引き立てる。

❶クリスマスローズ（氷の薔薇、フェチダス ゴールド・ブリオン）●○／❷ユーフォルビア（パープレア）●／❸アリッサム○

グリーン系でまとめて

クリスマスローズの花色に合わせ、グリーン系のわき役を根元に植えて色調をまとめる。アジュガのブルーを差し色に。

❶クリスマスローズ○／❷アジュガ●／❸ワイヤープランツ（スポットライト）◐／❹ヒューケラ◗

スキミア

Skimmia

スキミアはシキミアとも呼ばれます。花は３～4月に咲きますが、赤や緑色のつぼみの状態で楽しめます。

寄せ植えのポイント

- **スキミアはコケがあれば取り除き、下葉は摘み取る。根鉢は崩さないようにする。**
- **クリスマスや正月をイメージしたシックな配色でまとめる。**
- **たくさん株を使う寄せ植えでは根をほぐせるものはほぐす。**

✱使用する鉢

寄せ植えがシックでやや暗めの色なので、明るいテラコッタの鉢を使う。

直径：23cm

深さ：22cm

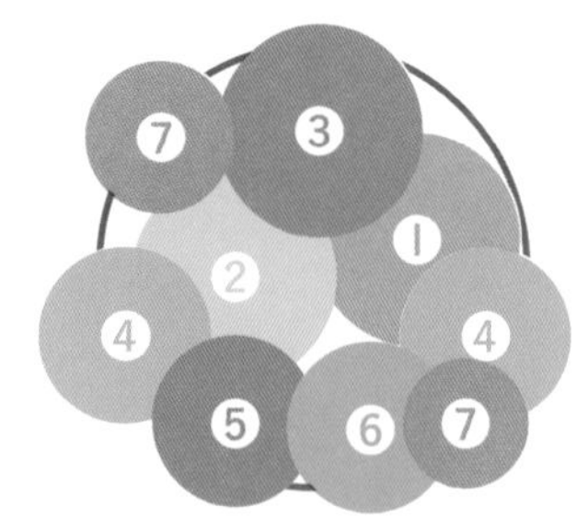

高さの順に奥から植える。わき役は上段と下段に配置し、下段のわき役は主役と色が重ならないようにする。

✱プラン

【主役】

❶スキミア（ルベラ）×1

❷スキミア（ホワイトグローブ）×1

【わき役】

❸エリカ（ホワイトデライト）×1

❹ハボタン（ブラックサファイア）×2

❺プリムラ・ジュリアン（ルルチョコエッジ）×1

❻ワイルドストロベリー（ゴールデンアレキサンドリア）×1

❼ヘデラ（セシリア）×1

✱手順

1 花の正面を決め、高さのある順に並べて、わき役の配置場所を考える。

2 スキミアは下葉を摘んでおく。高さのあるエリカとスキミアを鉢の奥に植える。

3 苗がたくさん入るため、ハボタンは根をほぐしてひとまわり小さくしてから左右に植える。

4 プリムラ、ワイルドストロベリーはスキミアの色と離した配置で植える。

5 ヘデラは株分けをし、枝の流れをそろえて並べる。手前と奥に、枝が鉢を囲むように植える。

6 土を入れて棒で突き、すき間に土を詰める。葉の位置を調整したら水やりをする。

色数を抑えてエレガントに

全体の色数を抑えることで、主役のつぼみ、わき役の花形、葉形など、形の個性を生かしつつ、調和させる。

❶スキミア ／❷ロフォミルタス●／❸ビオラ◑／❹ガーデンシクラメン○／❺ヘデラ◐／❻シロタエギク○

主役とわき役をカラーリーフでつなぐ

上段に主役を、下段にわき役のミニバラを配し、すき間にカラーリーフを入れて全体の色調を引き締めつつ、一体感を出す。

❶スキミア（ホワイトグローブ）○／❷ミニバラ（グリーンアイス）○／❸ヤブコウジ●／❹マートル●／❺ハツユキカズラ●

明暗の対比で主役にスポットを当てる

わき役に鮮やかな色の花やグリーン、シルバーリーフなどを添えて明るさを出すことで、赤いつぼみの主役が際立つ。

❶スキミア（ルベラ）●／❷クレストウィルマ○／❸ガーデンシクラメン●／❹ハツユキカズラ◑／❺ミスキャンタス（シルクロード）◑

ハボタン Ornamental cabbage

バラのように幾重にも重なる葉が美しいハボタン。
小型化が進み、冬の寄せ植えには欠かせない草花のひとつです。

寄せ植えのポイント

- ハボタンはできるだけ土を落として深く植えると、やわらかなイメージになる。
- ハンギングにする場合は、土が落ち着くまで3日ほど水平のまま育ててから吊り下げる。
- 寄せ植えのリースは、規則的に植えるため、比較的簡単にできる。

✱使用する鉢

ハンギングできるリース用のプランターを使用。通常、吊り下げ用のフックと麻布もそろっている。

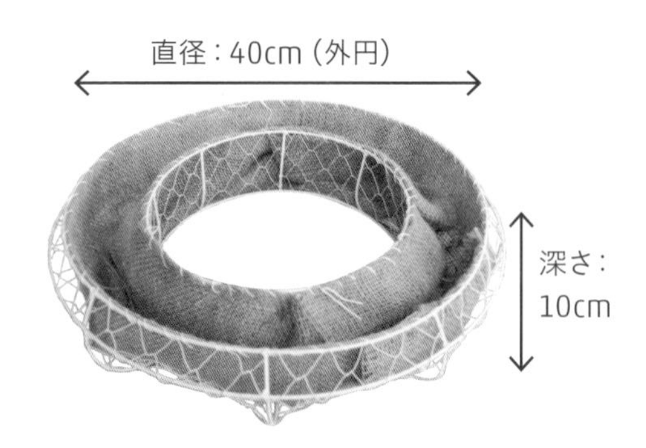

✱プラン

【主役】
❶ハボタン（アラカルト・コロロン）×5
❷ハボタン（フレアホワイト）×3
【わき役】
❸アリッサム×3

主役とわき役を、それぞれ5セットになるよう株分けなどで調整して数をそろえる。

✱手順

1 吊るす部分（頂点）を決めて、花の正面の位置を決める。

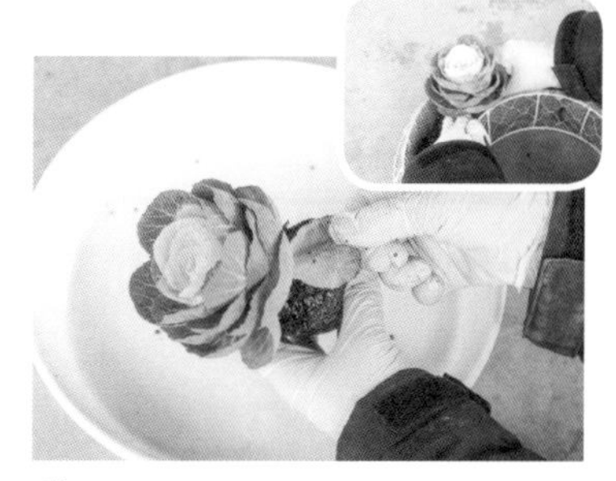

2 1株のハボタンは枯れた下葉を摘み、根を切らないように土を落とし、深めに植える。

3 複数株のハボタンは株分けして植える。小さいものは同じ大きさのものと組み合わせる。

4 アリッサムも株分けをして同様に植える。この順番で植えていく。

5 土を入れて棒で突いてすき間に土を詰め、水を吸わせた水ゴケで土が露出した部分を覆う。

6 植えつけ後はたらいに水を張り、1時間ほど浸けて水をしっかりと吸わせる。

ハボタン アレンジ

大きさが違う２つの植物で強弱をつける

エレガントな色味のハボタンに、純白の小花がこんもりと咲くスイートアリッサムが好相性。大きさが違う植物を使うことで、寄せ植え全体に強弱をつけることができる。ハボタンは非対称に配置するのがポイント。ナチュラル感を演出する効果がある。スイートアリッサムからはほんのりと甘い香りも楽しめる。

❶ハボタン◐◑／❷スイートアリッサム○

パープルとグリーンの２色使いの寄せ植え

パープルとグリーンの反対色を組み合わせ、お互いの色を引き立て合う寄せ植えに。２色使いの寄せ植えは、色のボリュームに差をつけるようにするとうまくいく。この寄せ植えでは、主役のハボタンの紫色の量を多めにして、全体の調和を取っている。

❶ハボタン（リアス）●／❷カルーナ・ブルガリス●／❸ゲラニウム（レッドロビン）●／❹リシマキア（リッシー）○

同系色でまとめ、花形で変化をつける

主役のハボタンの色に合わせ、わき役のカルーナ・ブルガリスは紫色を、イベリスは白色をチョイス。同系色でまとめた場合は、形状の異なる花を組み合わせることで変化をつけることができ、落ち着きのある印象の寄せ植えに仕上がる。

❶ハボタン（ヴィンテージ・ヴェイン）◑／❷イベリス（ブライダル・ベール）○／❸カルーナ・ブルガリス●

シックな色とパステルカラーの組み合わせ

個性的なシックな色のハボタンを主役に、パステルカラーのハボタン、明るい色のロータス、シロタエギクといったリーフを組み合わせた寄せ植え。パステルカラーは明るいアクセントとなる。シャープな葉形のアステリアは動きを出す効果が。

❶ハボタン(光子ロイヤル、ヴィンテージ・ヴェイン)●◐/❷ロータス(ブリムストーン)◐/❸シロタエギク /❹ヘレボルス●/❺アステリア(ウエスト・ランド)◐/❻ヘデラ●

色の明暗を意識した寄せ植え

中央に斑入りのハボタン・お江戸小町を配して明るさをもたらし、周囲を濃い色や深い色のわき役の花・リーフで囲むようにする。イベリスとビオラの花色が、寄せ植え全体を引き締めている。上段に背の高い高性種のハボタンを配すことで、奥行きと立体感が出る。

❶ハボタン(高性種、お江戸小町)◐●●/❷イベリス○/❸ビオラ●/❹ラミウム(アルバ)◐/❺オレアリア(パニクラータ)○/❻ヘデラ●

色のグラデーションを生かす寄せ植え

ハボタン、光子ポラリスの濃い色から、セレブ、カフェモカ、お江戸小町の順に淡い色へとグラデーションがかった紫色が上品な印象を与える。随所に斑入りのヤブコウジを入れて、重くならないようにしているのもポイント。

❶ハボタン(光子ポラリス、お江戸小町、カフェモカ、セレブ)●●●◐/❷ヤブコウジ◐

主役・わき役のアクセントを意識して

丸く大きい印象のハボタンを主役とし、細かい線形の葉のレプトスペルマムをわき役に添え、紅葉ハツユキカズラをアクセントに。形状の違う3つの植物を調和させているのは、落ち着いた色味。色のトーンを合わせることで、まとまりがよくなる。

❶ハボタン(ハボタン、ジュエリーシリーズ)●●/❷レプトスペルマム(ナニュームルベルム)●/❸ハツユキカズラ●

パンジー

パンジーは、冬から春にかけて長期間花を咲かせます。
ビオラとの違いは花の大きさくらいで、基本的な性質は同じです。

寄せ植えのポイント

- パンジーは下葉が枯れていたら摘み取り、根を軽くほぐす。
- 対角線上に同じ系統の花色がくるように植える。
- 主役のパンジーでバスケット全体を茂らせるようにする。

✱使用する鉢

花かごのようなイメージでバスケットを使う。フィルムの底を所々切って水が流れるようにする。

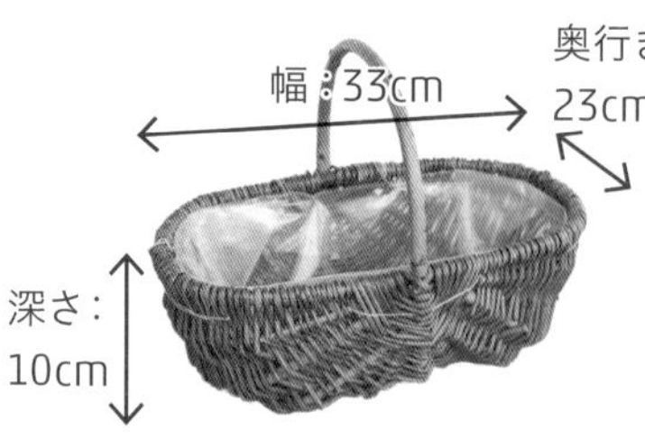

✱プラン

【主役】
1パンジー×4
【わき役】
2カルーナ×１
3ウエストリンギア×１

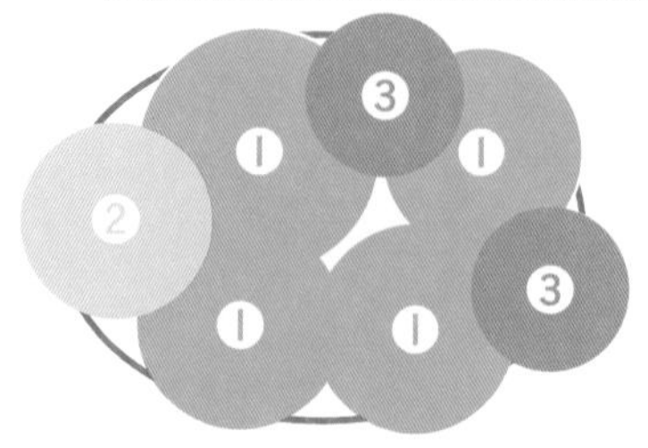

バスケットの正面を決め、対角線上に同色の主役を配置。左右にわき役を配置する。

✱手順

1 パンジーの花の正面を決め、わき役の配置場所を考える。バスケット底のフィルムは数カ所切る。

2 パンジーは枯れた下葉を摘み取り、軽く根をほぐす。

3 同系色の色を対角線上にそろえて、それぞれ植える。

4 カルーナは枝の流れが正面を向くように調整して、正面左側に植える。

5 ウエストリンギアは株分けをして、右側と奥に植える。

6 土を入れて棒で突き、すき間に土を詰めて水やりをする。

パステルカラーで軽やかに

主役のパンジーの花色を手掛かりに、パステルカラーのわき役でまとめて。ハクリュウで曲線を出し、軽やかさをアップ。

❶パンジー◐／❷ストック●　／❸コロニラ◗／❹ネメシア○／❺ヘリクリサム○／❻ハクリュウ◐

縦のラインで甘すぎない印象に

淡いブルーとイエローのパンジーでイメージをつくり、ミニスイセン、エレモフィラの縦のラインで引き締めている。

❶パンジー●●／❷エレモフィラ（ニベア）○／❸ミニスイセン（ティタティタ）●／❹アリッサム○／❺ハボタン◐

主役を引き立てる白いわき役

白色の花とシルバーリーフを添えて、主役となるフリル状の花弁が印象的なパンジーを引き立てる寄せ植えに。

❶パンジー（ローブ・ドゥ・アントワネット）●／❷セネシオ（エンジェル・ウィングス）○／❸イベリス○／❹ルメックス・サンギネウス◗／❺アリッサム○

ビオラ

Viola

早春に長く楽しめる貴重なビオラは花色も豊富。
かわいらしい花を次々と咲かせます。

寄せ植えのポイント

- **花の色、形がやや違うビオラを組み合わせて、同系色でも飽きのこないグラデーションに。**
- **花を引き立てる葉色のロータスを株分けして使う。**
- **根鉢の大きさが違う花を使う場合、底を崩して高さをそろえる。**

✱使用する鉢

花色と合う明るさのグレーのバスケットを使用。ナチュラルな質感がビオラを生かす。

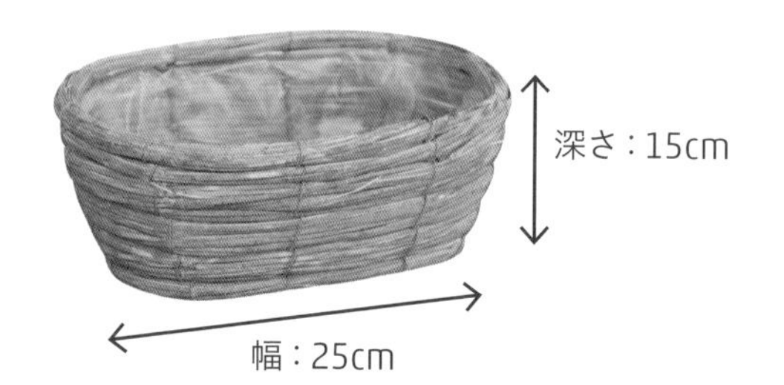

✱プラン

【主役】
❶ビオラ×1
❷ビオラ（ミルフル・アンティークフリル）×1
❸ビオラ（神戸ビオラ）×1
【わき役】
❹ロータス（ブリムストーン）×2

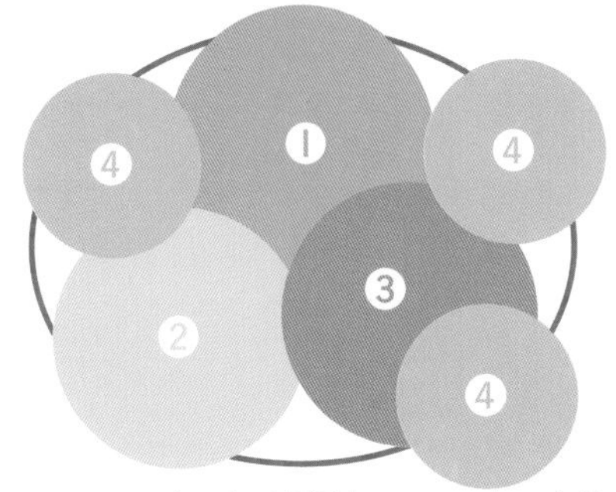

ビオラを三角形に配置し、ロータスを株分けして散らす。

✱手順

1 ビオラの花の正面を決め、わき役の配置を考える。バスケット底のフィルムは数カ所切る。

2 ビオラは枯れた下葉を摘み取り、三角形になるように植える。

3 ロータスを株分けして、鉢から垂れ下がるようにやや傾けて植える。

4 土を入れて棒で突き、すき間に土を詰める。

5 水を吸わせた水ゴケで土が露出した部分を覆う。

6 最後に水やりをする。

ビオラ アレンジ

黄色のビオラで色をつなぐ

黄色い地に、中心部に紫色のラインが入ったビオラ。この黄色に合わせ、ラナンキュラスを同色にし、中心部の色に合わせてもう１種類のビオラに、紫とブルーのバイカラーを使用。色をつなぐことで寄せ植え全体に統一感が出る。

❶ビオラ◐／❷ラナンキュラス◐／❸ロータス◐／❹ヤブコウジ◐／❺ヘーベ◐

高さのある寄せ植え

上段に斑入りヘーベ、中段に主役のビオラ、下段にアリッサムとクローバーを配置し、高低差をつけて立体的にした寄せ植え。それぞれの植物は左右対称を避け、ややランダムに配置することでナチュラルな雰囲気が出る。

❶ビオラ◐／❷斑入りヘーベ◐／❸アリッサム○／❹クローバー◗

優しい色合いを組み合わせて

すみれ色の宿根ビオラと、枯れ味のあるシックな色が特徴的なフォックスリー・タイムを組み合わせて。たった2種類でも、石の鉢に寄せ植えすることで、野に咲く花のような趣を演出でき、存在感も強調できる。

❶宿根ビオラ　／❷フォックスリー・タイム◐

グリーンを基調にして ビオラを引き立たせる

主役であるビオラのえんじ色を引き立たせるため、わき役にはブルーがかったハボタンや、明るいグリーンの葉を組み合わせて。鉢からあふれ出すワイヤープランツやロニセラで軽やかさと動きを出しているのが特徴的。

❶ビオラ（朝焼けのラビリンス）◗／❷ワイヤープランツ（ゴールデンガール）○／❸ピットスポルム○／❹ハボタン（ブラックサファイア）／❺ロニセラ（オーレア）

濃い赤×グリーンでクラシカルに

濃厚な色味のビオラと、シルバータイム、フォックスリー・タイムといった色の異なるグリーンのわき役を合わせた寄せ植え。濃い赤とグリーンがクラシカルな印象を与える。

❶ビオラ●／❷シルバータイム◗／❸フォックスリー・タイム◐

ピンク〜紫で 色をまとめる

花が小さいビオラを主役に、穂のように花を咲かせるカルーナ、ピンクがかったロフォミルタスで、全体的にピンク〜バイオレットで色をまとめる。アコルスとヘデラの葉形の違う２種類のグリーンを奥と手前に添えて。

❶ビオラ（フライングサンタ、ピンクコアラ）●●／❷カルーナ（ジリー）●／❸ロフォミルタス（マジックドラゴン）◑／❹アコルス（黄金）○／❺ヘデラ●

華やかな花色の濃淡で ロマンティックな印象に

３種類のビオラで、紫から白へのグラデーションをつくり、軽やかな華やかさを演出。銀緑色のコンボルブルス、ベルベットのような質感のシロタエギクでプラチナな輝きをプラスし、ロマンティックなイメージを高めている。

❶ビオラ（花ろまん、すみれ、ホワイトバタフライ）●●○／❷コンボルブルス（クネオルム）●／❸シロタエギク●／❹ヘリクリサム●／❺ヘデラ●

プリムラ・ジュリアン

Primula juliana

プリムラの仲間のひとつで、鮮やかな花色のほか
シックな花色、バラのように咲くものなど園芸品種も豊富です。

寄せ植えのポイント

- プリムラ・ジュリアンは植える前に枯れ葉、折れた葉、花後に残る軸は摘み取る。土が中心に入らないように浅植えにする。
- わき役のグリーンはすべて同じトーンのものを選ぶ。

✱使用する鉢

プリムラ・ジュリアンを鮮やかにするよう、対比する落ち着いた色を選ぶ。

✽プラン

【主役】
❶プリムラ・ジュリアン（バラ咲き）×1
❷プリムラ・ジュリアン（ピーチフロマージュ）×1
❸プリムラ・ジュリアン（マスカットのジュレ）×1
【わき役】
❹エリカ・ダーレンシス（エバーゴールド）×1
❺ワイヤープランツ（ゴールデンガール）×1

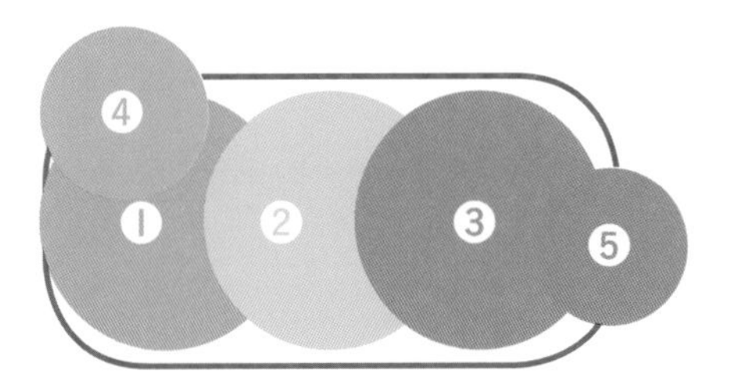

中央に主役、前後にわき役とシンプルな配置。主役の位置は色のバランスを考える。

✽手順

1 プリムラ・ジュリアンの花の正面を決め、わき役の配置を考える。

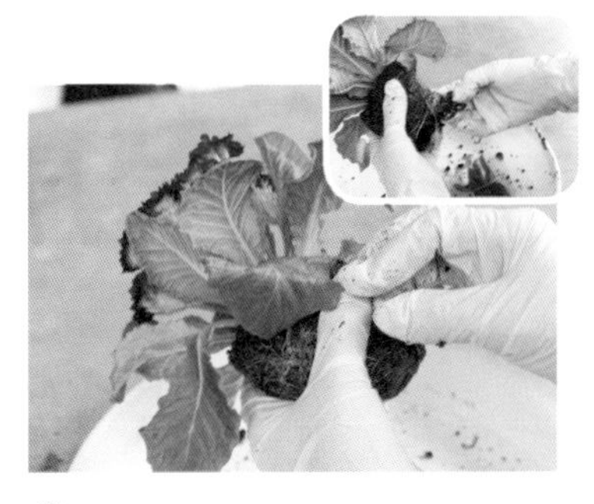

2 プリムラ・ジュリアンは折れた葉や枯れ葉、花のない軸を摘み取り、根の下部を軽くほぐす。

3 プリムラ・ジュリアンを浅植えにする。花は、中央が緑だと左右が分かれ、赤が中央だと強すぎる。

4 エリカは、すき間に入る大きさまで土を落とし、すき間に入る形にして左奥に植える。

5 ワイヤープランツもすき間に入る形に整えて右手前に植える。

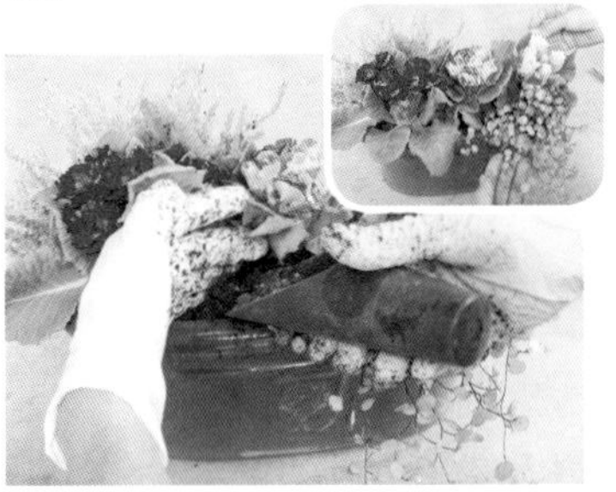

6 土を入れて棒で突き、すき間に土を詰める。葉の位置を調整したら水やりをする。

プリムラ・ジュリアン アレンジ

ビビッドな花、ライトなリーフで色に強弱を

ビビッドな花色のプリムラ・ジュリアンを主役に、わき役はライムグリーン系のロータスとライトグリーンのバコパで、明るい色を組み合わせる。色調に強弱をつけることで、主役を引き立てる。

❶プリムラ・ジュリアン／❷バコパ（ライム・バリエガータ）／❸ロータス（ブリムストーン）

白〜グリーンのグラデーションの寄せ植え

主役のプリムラ・ジュリアンの花色は、純白と淡いグリーンの2種類。どちらもバラ咲きで、花弁がフリル状になっており、ボリュームがある。わき役には、白い小葉が特徴的なヘデラと明るいグリーンのピットスポルムをバランスよく入れる。

❶プリムラ・ジュリアン（アボカドキャンドル、フラッシュ）／❷ヘデラ（雪の華）／❸ピットスポルム

アンティークカラーを基調にシックにまとめる

アンティークカラーのプリムラ・ジュリアンに、白のティアレラ、ピンクの斑が入ったコプロスマを組み合わせて。同系色を基調にしつつも、形の異なる花やリーフで変化をつける。

❶プリムラ・ジュリアン（ショコラ）／❷ティアレラ（ウィリー）／❸コプロスマ(レインボー・サプライズ)／❹バコパ(ライム・バリエガータ)

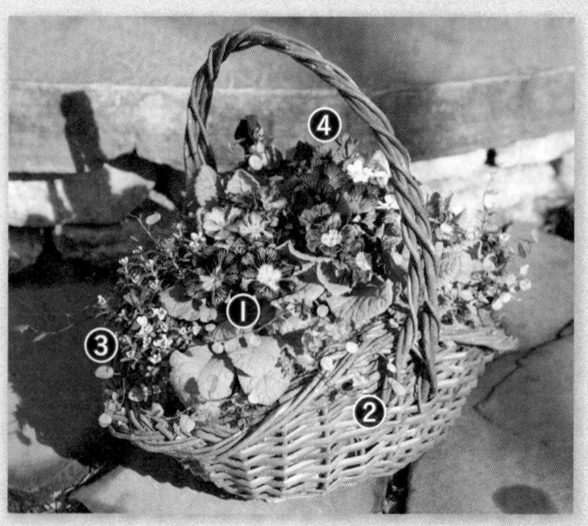

個性的な主役を小さなリーフと花が盛り立てる

花びらにストライプ模様が入ったプリムラ・ジュリアン。個性的な主役のまわりを、ワイヤープランツやイベリスなどの小さなリーフや小花で飾るようにする。ワイヤープランツはかごからこぼれるようにするとナチュラル感がアップ。

❶プリムラ・ジュリアン（ディスカバリングストライプ）／❷ワイヤープランツ／❸イベリス／❹ビオラ（タイガーアイ）

2色使いのリースの寄せ植え

ホワイトとイエロー、それぞれのプリムラ・ジュリアンを、イベリスがつなぐリースの寄せ植え。白っぽいヘデラをはわせることで単調にならず、寄せ植え全体の一体感も生まれる。

❶プリムラ・ジュリアン◯ ◯／❷イベリス◯／❸ヘデラ◐

花もリーフも同系色に

ライムグリーンのプリムラ・ジュリアンを主役に、レモン色のエレモフィラ、ユーフォルビア、エリカを添え、リーフもルブス・クラシックホワイトを合わせる。花色と葉色を同系色にすることで、調和した美しさが出る。

❶プリムラ・ジュリアン（バラ咲き）◯／❷エレモフィラ（ウィンターゴールド）◯／❸ユーフォルビア◐／❹エリカ（ダーレンシス）◯／❺ルブス（クラシックホワイト）◯

3種類のリーフが主役を押し上げる

バラ咲きのプリムラ・ジュリアンのエレガントさを強調するため、わき役には花を入れず、3種類のリーフを添える。リーフは、質感、形状、緑色の濃度の違う、リシマキア、ワイヤープランツ、クローバーを選び、変化と動きを出す。

❶プリムラ・ジュリアン（バラ咲き）◯／❷リシマキア（リッシー）◯／❸ワイヤープランツ（ゴールデンガール）◯／❹クローバー（ピンクハート）◐

プリムラ・マラコイデス

Primula malacoides

プリムラ・マラコイデスは、サクラソウの仲間です。
花がまとまって咲き、冬の寄せ植えでも人気があります。

✱使用する鉢

内側にフィルムのあるバスケットを利用。ナチュラルな色・質感で、プリムラ・マラコイデスの花色を生かす。

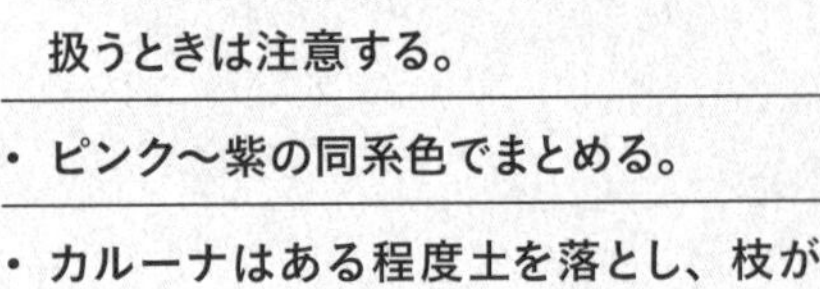

- プリムラ・マラコイデスは折れた葉や枯れた葉は摘む。茎が折れやすいので扱うときは注意する。
- ピンク〜紫の同系色でまとめる。
- カルーナはある程度土を落とし、枝が広がりすぎないように調整する。

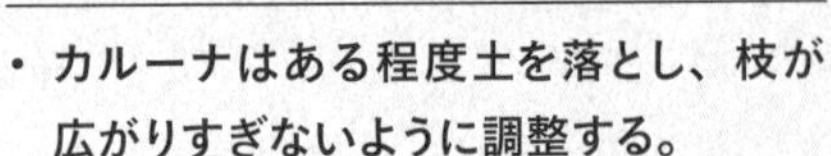

✱プラン

【主役】
❶プリムラ・マラコイデス
（古都さくら　ピンク）×1
❷プリムラ・マラコイデス
（古都さくら　淡ピンク）×1
❸プリムラ・マラコイデス
（古都さくら　白）×1
【わき役】
❹カルーナ（八重）×2

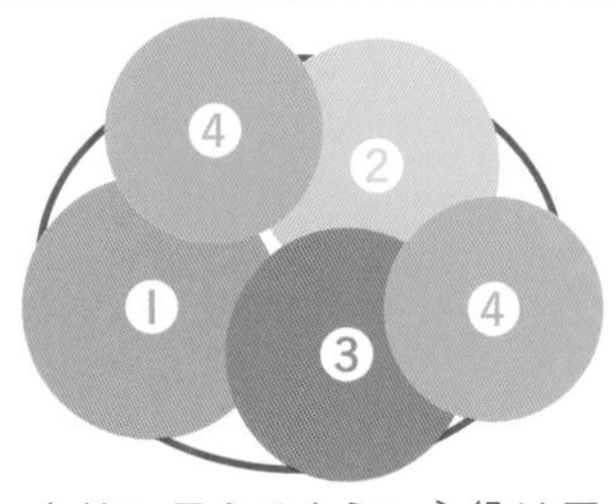

自然に見えるように主役は三角形に植えて、わき役も対称にならないように配置する。

✱ 手順

1 プリムラ・マラコイデスの花の正面を決め、わき役の配置を考える。フィルムの底を所々切る。

2 プリムラ・マラコイデスは折れた葉や枯れ葉、花のない軸を摘み取り、根の下部を軽くほぐす。

3 プリムラ・マラコイデスは株の中心に土が入らないように、それぞれ浅植えにする。

4 カルーナは写真右のように、ひとまわりほど土を落とす。

5 花が外側に流れないように向きを調整し、正面左奥と正面右手前にカルーナを植えつける。

6 土を入れて棒で突き、すき間に土を詰める。葉の位置を調整したら水やりをする。

アレンジ

立体感のある寄せ植えに

背の高い主役を上段に、中～下段に花形の違う花を配置。レースラベンダーは早い時期に出回ることもある。

❶プリムラ・マラコイデス（ウィンティー・さくら）◯／❷ビオラ●／❸レースラベンダー●／❹ロータス（ブリムストーン）◐／❺ヘデラ◐

形の組み合わせで主役を引き立てる

丸くボリュームがある主役を立たせるため、わき役には、小さい花や葉、実を添えて。赤系のわき役がアクセントに。

❶プリムラ・マラコイデス（アラカルト・シュシュ）◯◯／❷万両（千鳥綿）●／❸オタフクナンテン●／❹ポリゴナム◯

3 種類のリーフで調和させる

主役のシックな花色に調和するよう、質感や色の異なる3種類のリーフをわき役に。銅葉は全体を引き締める。

❶プリムラ・マラコイデス（M's コレクション）◯◯／❷ヘレボルス（アーグチフォリウス・スターダスト）◐／❸マスタード●／❹ヘデラ◐

寄せ植え植物カタログ

主役におすすめの植物

本書で紹介した寄せ植えに主役として登場した植物カタログです。それぞれの特徴を知って、自分のイメージする寄せ植えの参考にしてください。

アジサイ

アジサイ科　低木　高茂

花期 6月～9月上旬

高さ 30cm以上　花色

種類が豊富で額縁のように装飾花がつくガクアジサイや、西洋アジサイも人気がある。日陰でもよく育ち、色の変化を楽しめるのも魅力。

アネモネ

キンポウゲ科　多年草　高

花期 2月中旬～5月中旬

高さ 10～45cm　花色

赤や紫、青などの鮮やかな花色が特徴。一重、八重、半八重咲きなどがあり、品種によって印象が変わる。日当たりのよい場所で管理する。

イングリッシュラベンダー

シソ科　多年草　高

花期 5月～6月

高さ 30～100cm　花色

ラベンダーの中でも香り高く、ナチュラルな雰囲気を演出するのに最適。高温多湿を嫌うため、梅雨入り頃に切り戻すと長く楽しめる。

エキナセア

キク科　多年草　高

花期 6月～9月

高さ 40～80cm　花色

花の中心部が球状に大きく盛り上がり、インパクト大。花色、花形のバリエーションが豊富で、とても丈夫で育てやすいのも魅力。

エリカ

ツツジ科　低木　高

花期 11月～翌4月

高さ 20～100cm　花色

高性種、這性種、小花が穂状につくもの、徳利のような形の花が枝先に固まって咲くものなどがある。

オステオスペルマム

キク科　宿根草　高

花期 3月～6月

高さ 30～50cm　花色

花色は、濃い色から淡い色、複色など、実に多様。花形も豊富で、品種によって印象ががらっと変わる。花がらを摘むと次々と花が咲く。

ガーデンシクラメン

サクラソウ科　球根植物　高広

花期 10月中旬～翌5月中旬

高さ 15～40cm　花色

寒さに強く、開花時期も長いため、冬の寄せ植えにぴったり。花びらにフリンジが入るタイプ、丸みがあって反り返る花姿のものもある。

キキョウ

キキョウ科　多年草　茂

花期 6月～10月

高さ 15～150cm　花色

星形の花で存在感があり、和テイストの寄せ植えにおすすめ。秋の花のイメージがあるが、暑い夏でも咲き、毎年花を咲かせる。

キク

キク科　一年草　高広

花期 9月～11月

高さ 20～100cm　花色

色数、種類もさまざま。花が半球状に咲く小ギク「ガーデンマム」や、コンパクトで育てやすい「スプレーマム」などが寄せ植えでは人気。

クリスマスローズ

キンポウゲ科　宿根草　高 広

花期 1月～4月

高さ 20 ～ 50cm　花色

白や淡い緑色などの花色があり、シックな寄せ植えに最適。寒さに強く、半日陰でも育つ。夏場の直射日光に当てると葉が傷むので注意する。

ケイトウ

ヒユ科　一年草　高

花期 7月中旬～10月中旬

高さ 20 ～ 200cm　花色 

球状、穂状、円錐状などの花形、豊富な色があり、どんなテイストの寄せ植えにも重宝する。とくに花の少ない夏の寄せ植えにおすすめ。

コリウス

シソ科　一年草　広

鑑賞期 4月～10月

高さ 30 ～ 70cm　葉色 

銅葉や黄金葉、銀葉、紫葉、黒葉など、葉色のバリエーションが豊富。主役としてだけでなく、アクセントや差し色として使っても。

サルビア・セージ

シソ科など　一年草、多年草　高

花期 4月中旬～12月（サルビア）、
5月～6月（セージ）

高さ 30 ～ 200cm（サルビア）、
30 ～ 80cm（セージ）

花色 （サルビア）、（セージ）

鮮やかな赤をイメージしがちだが、最近では紫やピンク、白、青などの花色も。縦のラインを描く花姿を生かした寄せ植えがおすすめ。

ジニア

キク科　一年草　高 広

花期 6月～11月

高さ 30 ～ 100cm

花色

和名はヒャクニチソウ。その名の通り、開花期間が長く、次々に花を咲かせる。昨今では緑色や複色の花色もある。夏の寄せ植えに最適。

シュウメイギク

キンポウゲ科　多年草　高

花期 8月中旬～11月

高さ 30 ～ 150cm

花色

清楚な印象の一重咲きや、ボリュームのある八重咲き、ボタン咲きなど花形が豊富。日陰でも育つ特性を持つ。

スカビオサ

スイカズラ科　多年草、一年草など　高

花期 4月～6月、9月中旬～10月

高さ 10 ～ 100cm　花色

ソフトな色合いと個性的な花形が特徴。花がらをこまめに摘むと、次々と花を咲かせる。高温多湿を嫌うため、夏場は涼しい場所で管理。

スキミア

ミカン科　低木　高

花期 3月

高さ 50 ～ 100cm　花色

晩秋から冬にかけて小さなつぼみをつけ、春になると花を咲かせる。艶やかな実はクリスマスやお正月をイメージした寄せ植えにぴったり。

ゼラニウム

フウロソウ科　多年草　高 広

花期 3月～7月中旬、9月中旬～12月

高さ 20 ～ 70cm　花色 

花色、花形、香りが楽しめる品種。つる性品種などがあり、実にさまざま。花期は春から秋までで、長く楽しめる。花がらは適宜摘み取る。

主役におすすめの植物

ダイアンサス（ナデシコ）
ナデシコ科　多年草　高 広
花期 4月～8月
高さ 10～60cm　花色

品種が非常に多く、花色や開花期、草丈などもさまざま。ビビッドな色合いや花びらの縁がギザギザとしている花姿は、存在感抜群。

ダリア
キク科　多年草　高
花期 5月～10月
高さ 20～200cm　花色 

3万種以上もの品種があり、一重、八重、ポンポン咲きなど花形もいろいろ。次の花に栄養を回すため、咲き終わったら花がら摘みを。

トウガラシ
ナス科　一年草　広
鑑賞期 6月～12月
高さ 20～100cm　実色

カラフルな実、緑や紫、斑入りなどの葉色が豊富なのが特徴。鑑賞期間が長く、花の少ない夏の彩りに役立つ。実は色の変化も楽しめる。

トレニア
ゴマノハグサ科　一年草、多年草　茂
花期 5月～10月
高さ 20～40cm　花色

スミレのようなかわいい花形の小花が魅力。丈夫で育てやすく、夏の間も咲き続ける。葉に落ちた花びらは随時取り除き、病気を防ぐ。

ナスタチウム
ノウゼンハレン科　一年草　茂
花期 4月～7月
高さ 20～70cm　花色

別名キンレンカ。色彩豊かな花色に加え、ハスのような丸い葉も特徴的。花は一重と八重があり、葉は斑入りのものもある。

ニチニチソウ
キョウチクトウ科　一年草　広
花期 7月～11月
高さ 30～60cm　花色 

暑さに強く、真夏でも元気に咲くため、夏の寄せ植えに最適。日照不足になると花つきが悪くなるため、日当たりのよい場所で管理する。

ネモフィラ
ムラサキ科　一年草　茂
花期 3月下旬～5月
高さ 15～30cm　花色 

優しいブルーの小花がカーペット状に咲く。花色が紫や白のものや、シルバーリーフの品種も。花がらをこまめに摘めば長く楽しめる。

バーベナ
クマツヅラ科　一年草、宿根草　高 広
花期 4月～11月中旬
高さ 10～30cm　花色

耐寒性のない一年草タイプと、耐寒性、耐暑性に優れた宿根草タイプがある。小さい花が集まって咲く花姿は、ボリューム満点。

ハボタン
アブラナ科　一年草　高 広
鑑賞期 11月～翌4月
高さ 15～50cm　葉色 

ケール状のものや光沢があるもの、ブラック系、ミニサイズなど多種多様。花にも負けない華やかさがあり、冬の寄せ植えに最適。

パンジー
スミレ科　一年草　茂
花期 11月中旬～翌5月
高さ 10～50cm　花色

色数が豊富で、寒さに強く育てるのが容易。背が高い花と組み合わせて立体的にしたり、小花と合わせてバランスを取るのもおすすめ。

ビオラ
スミレ科　一年草　茂
花期 11月中旬～翌5月
高さ 10～50cm　花色

パンジーよりも小輪。花の少ない冬の時期にもたくさん花を咲かせる。花の形や色など、バラエティーに富み、開花期が長いのも魅力。

ヒメエニシダ
マメ科　低木　茂
花期 4月～5月
高さ 15～100cm　花色

鮮やかな黄色い花が穂状にびっしりと咲く。鮮烈な色を生かしてアクセントにしたり、形状の違う花と組み合わせると、より引き立つ。

ヒューケラ
ユキノシタ科　多年草　広
鑑賞期 3月～11月
高さ 20～30cm　葉色

カラーリーフの代表格。さまざまな葉色があり、鑑賞期も長く、寄せ植えをにぎやかに彩る。5月～7月には穂状の花が咲く。

プリムラ・ジュリアン
サクラソウ科　一年草　広
花期 12月～翌3月
高さ 10～30cm　花色

昨今、シックな色やニュアンスカラーも登場。花形は従来のサクラソウに似た形のほか、バラ咲きの品種もある。開花中は水切れに注意。

プリムラ・マラコイデス
サクラソウ科　一年草　高
花期 1月～4月
高さ 10～30cm　花色

早春にたくさんの花を楽しめる。小輪品種と大輪品種があり、大輪タイプは花色が豊富。花がらを摘むことで、病気の予防に。

フレンチラベンダー
シソ科　低木　高
花期 3月下旬～5月
高さ 40～60cm　花色

花穂の先のうさぎの耳のような葉がかわいらしい。シルバーリーフとしても利用できる。蒸れ防止に下葉を摘み取って、風通しをよくする。

ベゴニア
シュウカイドウ科　多年草　広
花期 5月～11月
高さ 15～40cm　花色

多くの種類があり、中でもベゴニア・センパフローレンスは小ぶりなものの、鮮やかな花色で寄せ植えのメリハリをつけるのに重宝する。

ペチュニア
ナス科　一年草、多年草　茂広
花期 4月～12月
高さ 20～50cm　花色

一重、八重、小輪などさまざまな品種、豊富な花色で寄せ植えの花材として人気。こまめに花がらを摘む。

主役におすすめの植物

ペンタス
アカネ科　低木　高
花期 5月下旬～11月
高さ 30～130cm　花色

星形の花が集まって咲く。暑さに強く、春から秋まで花を長く楽しめるところが魅力的。異なる花形のものと組み合わせるのがおすすめ。

マーガレット
キク科　低木　高 広
花期 12月～翌6月
高さ 20～120cm　花色

さまざまな花色があり、どの色を選ぶかで、ナチュラルにもシックにもなる。テラコッタや木製の鉢との相性がよく、花姿を生かせる。

マリーゴールド
キク科　一年草　茂
花期 5月中旬～11月
高さ 15～90cm　花色

鮮やかな黄色～オレンジ色の花色は、寄せ植え全体を明るくし、華やかにする効果がある。夏に半分程度刈り込むと、秋にこんもり咲く。

ミニバラ
バラ科　低木　高 広
花期 5月中旬～6月上旬、6月下旬～11月
高さ 10～100cm　花色

優しい色合いのほか、紫や茶、黒などのシックな色も。小輪ながらも、華やかさを演出できる。花がらを摘むと短期間で次の花が咲く。

ラナンキュラス
キンポウゲ科　球根植物　高
花期 3月～5月
高さ 30～50cm　花色

幾重にも重なる花びらが美しく、ボリュームたっぷりで存在感抜群。同系色や、やわらかい色合いでまとめれば春らしい寄せ植えに。

ランタナ
クマツヅラ科　低木　茂 広
花期 4月中旬～11月中旬
長さ 20～200cm　花色

小花が手毬状に咲き、花色が変化するものもある。低木、ブッシュ、ほふく性のタイプがある。葉に斑が入った品種は、花なしでも楽しめる。

ルドベキア
キク科　一年草、二年草、多年草　高
花期 7月～10月
高さ 30～100cm　花色

ビビッドな黄色やオレンジ、シックなチョコレート色の花色があり、花のサイズも多様。耐暑性があるので、夏の寄せ植えの主役に最適。

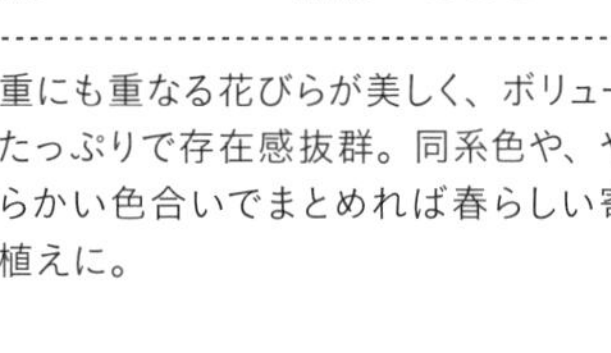

ルピナス
マメ科　一年草、二年草、多年草　高
花期 4月下旬～6月
高さ 20～150cm　花色

天に向かって伸びる花姿がインパクト抜群。背の低い花と組み合わせると個性を生かせる。大きく育つので大きめの鉢を使うとよい。

わき役におすすめの植物

手順で登場したわき役のうち、使いやすいおすすめの植物を紹介します。主役と似た花や形の違う葉などを組み合わせれば、主役がより引き立ちます。

アジュガ
シソ科　多年草　茂
鑑賞期 通年
高さ 15～20cm　葉色

春には青紫や白などの穂状の花をつけるが、魅力はカラーリーフの葉。濃い紫色や淡いピンク色、斑入りなどがある。

アリッサム
アブラナ科　一年草　垂
花期 11月～翌5月
高さ 5～15cm　花色 

小さな花が集まってこんもりと咲く花姿は、優しい印象を与える。どんな花材とも相性がよく、わき役にぴったり。

イベリス
アブラナ科　一年草、多年草　広
花期 3月中旬～5月中旬
高さ 15～50cm　花色 

小花が集合し、株を覆うように咲く。可憐で控えめな印象なので、どんな花とも相性抜群。蒸れには弱いので、風通しをよくする。

ウンシニア
カヤツリグサ科　多年草　広
鑑賞期 通年
高さ 20～30cm　葉色 

海外で人気があるオーナメントグラスのひとつ。暑さ、寒さに強く、手入れが簡単。細長い葉形は、寄せ植えに動きを出す効果も。

オレガノ
シソ科　多年草　広
鑑賞期 4～10月
高さ 30～90cm　葉色 

葉色は、緑色、黄色の斑入り、紫やピンク色に色づくものなど種類が豊富。耐寒性はあるが、高温多湿に弱いため、蒸れないように注意。

カリシア
ツユクサ科　多年草　垂
鑑賞期 通年
高さ 10～60cm　葉色

小さな葉が重なるようにつく。ライムグリーンやピンク色などの葉色があり、鉢の縁に敷くように植えると、かわいらしい印象に。

カリブラコア
ナス科　一年草、多年草　茂
花期 4月～11月
高さ 10～30cm　花色 

花色は、ピンクや黄色などのビビッドな色から、茶や複色などの落ち着いた色まで、バラエティー豊か。長期間花が咲くところも魅力的。

カルーナ
ツツジ科　低木　広
花期 6月～9月
高さ 10～60cm　花色 

枝に小さな花がびっしりつき、穂のように見えるのが特徴。コニファーのようにこんもりと茂る株姿で、主役の花を引き立てる。

カレックス
カヤツリグサ科　宿根草　広
鑑賞期 3月～11月
高さ 20～120cm　葉色 

細くて長いシャープな葉で、寄せ植えに使うと動きを出す効果が。葉色には、茶色やクリーム色の斑入り、灰緑色などがある。

わき役におすすめの植物

グレコマ
シソ科　多年草　垂 広
鑑賞期 4～11月
高さ 10～20cm　葉色

長く伸びる茎に小さな葉をたくさんつける。白い斑が入るものや、白く縁取る品種も。鉢からこぼれるようにすると立体的な寄せ植えに。

クローバー
マメ科　多年草　広
鑑賞期 3月～5月、10月～12月
高さ 10～20cm　葉色

銅葉、黒葉、白い斑入りなど品種が多く、どのような植物とも合わせやすい。4月～6月に咲く花もかわいらしい。

ケール
アブラナ科　二年草　高 広
鑑賞期 11月～翌2月上旬
高さ 30～90cm　葉色

キャベツのような丸い葉や縮れ葉などの葉形があり、葉色もグリーン、シルバーグリーン、紫など種類豊富。ヨトウムシに注意する。

ゲラニウム
フウロソウ科　多年草　広
花期 4月～6月
高さ 40～60cm　花色

紫や青紫といった落ち着いた花色で、シックな寄せ植えに最適なわき役。地下に太い根がたくさんあり、鉢は大きめがベター。

コクリュウ
ユリ科　多年草　広
鑑賞期 通年
高さ 20cm前後　葉色

数少ない黒褐色の葉色が特徴的な常緑のリーフプランツ。寄せ植えでは細長い葉で、流れるような動きを出しやすい。

コゴメウツギ
バラ科　低木　高
鑑賞期 4月～11月
高さ 40～100cm　葉色

葉色はライムグリーンや斑が入るタイプがあり、寄せ植え全体を明るくしてくれる効果がある。紅葉するため、葉色の変化も楽しめる。

コモンセージ
シソ科　多年草　広
鑑賞期 通年
高さ 30～100cm　葉色

園芸品種には、黄色の斑入りや、緑に白と赤紫の斑が入るタイプ、紫色の葉が特徴のものがある。ナチュラルな雰囲気づくりにおすすめ。

ジギタリス・オブスクラ
ゴマノハグサ科　多年草　高
花期 7月～9月
高さ 約50cm　花色

原種のジギタリス。釣鐘状の小ぶりの花をたくさんつける。葉は細長い照り葉で、放射状に広がる。寒さに強い。

シネラリア
キク科　一年草　茂
花期 1月～4月
高さ 20～60cm　花色

鮮やかな花色が多く、濃いオレンジ以外であれば花色がそろう。冬の寄せ植えの彩りとして使うと、華やかな印象になる。

シモツケ
バラ科　低木　広
鑑賞期 4月～11月
高さ 50～100cm　葉色

葉の色が濃い緑色のものや、オレンジからライムグリーンに変化する品種、葉が大きいものなどがある。寄せ植えではリーフとして利用する。

シレネ
ナデシコ科　一年草、多年草、低木　広垂
花期 5月～8月
高さ 5～120cm　花色

品種が多く、ハート形の花びらや、小花が集まって球状になるタイプなどがある。背丈の低い品種は、前景に植えるとアクセントに。

シロタエギク
キク科　多年草　広
鑑賞期 11月～翌5月
高さ 15～40cm　葉色

葉の表面が白く短い毛で覆われたシルバーリーフの代表格。寒さに強く丈夫で、冬の寄せ植えの彩りや明るさを出すために使うとよい。

スイスチャード
アカザ科　一年草　広
鑑賞期 5月～11月上旬
高さ 20～30cm　葉色

フダンソウとも呼ばれる野菜のひとつ。葉は艶があり、葉柄が黄色などカラフル。苗は通年出回っているので寄せ植えに利用しやすい。

タイム
シソ科　低木　茂
鑑賞期 通年
高さ 15～30cm　葉色

直立するものとはうものがあり、前者なら立ち上がる草姿を生かした寄せ植えがおすすめ。後者は鉢から垂れ下がるように利用。

チェッカーベリー
ツツジ科　低木　茂
鑑賞期 11月～翌3月
高さ 10～20cm　実色

冬に赤やピンクの実をつけるため、クリスマスや正月寄せ植えに最適。鉢の縁から垂らすように使うことで、アクセントになる。

ツルマサキ
ニシキギ科　低木　高
鑑賞期 通年
長さ 15cm以上　葉色

楕円形の艶やかな葉が特徴。寄せ植えには、黄色、紅色の模様が入る品種がよく使われる。成長するとつるが伸びて横に広がる。

ディコンドラ
ヒルガオ科　多年草　垂
鑑賞期 通年
高さ 3～10cm　葉色

ハート形の葉がはうように伸びる長い茎に密につく。緑葉タイプは耐陰性があり、銀葉タイプは、寄せ植えのアクセントとしておすすめ。

ハゲイトウ
ヒユ科　一年草　広
鑑賞期 8月下旬～11月
高さ 20～100cm　葉色

強烈な彩りとダイナミックな草姿でインパクト抜群。秋になると徐々に葉色がさらに冴えてくる。秋の寄せ植えにうってつけの花材。

わき役におすすめの植物

バコパ
オオバコ科　多年草　茂
花期 11月～翌4月
高さ 約10cm　花色

こんもりと茂り、小さな花を咲かせる。冬の花の少ない時期に咲く貴重な花のひとつ。花と鮮やかな葉で寄せ植えを明るくする。

ハゴロモジャスミン
モクセイ科　低木　垂
鑑賞期 通年
長さ 30cm以上　葉色

つる性を生かして寄せ植えに動きを出すのにおすすめ。葉に薄い黄色の斑が入ったものもある。小さい白い花と香りも魅力。

フィカス・プミラ
クワ科　低木　垂
鑑賞期 通年
高さ 20～30cm　葉色

艶やかな緑の葉に白やクリーム色が入り、観葉植物としても人気。寄せ植えでは、枝が垂れ下がる性質を利用して鉢の縁から垂らす。

ブラキカム
キク科　一年草、多年草　広
花期 3月～11月
高さ 10～30cm　花色

繊細な花びらが涼し気で可憐な印象。花期が長く、夏時期の寄せ植えにおすすめ。蒸れが苦手なので、梅雨前に切り戻す。

ヘーベ
オオバコ科　低木　高 広
鑑賞期 通年
高さ 50～60cm　葉色

葉の縁にクリーム色、紫色などが入る品種がある。直立する枝葉を寄せ植えに生かす。また、冬に葉の色が変化する。

ヘデラ
ウコギ科　低木　垂
鑑賞期 通年
長さ 15cm以上　葉色

カラーリーフの代表格。白や黄色の模様が入るなど、品種は実にさまざま。つる性を生かすと動きのある寄せ植えに。

ポレモニウム
ハナシノブ科　多年草　茂
鑑賞期 通年
高さ 10～60cm　葉色

葉はシダのような羽状で、斑入りや銅葉もあり、カラーリーフとして活躍。初夏に青や紫、ピンクなどの小花を咲かせる。

ユーパトリウム
キク科　多年草　高 広
鑑賞期 4月～11月
高さ 30～100cm　葉色

耐寒性、耐暑性があり、育てやすく、斑入りや、深緑色の葉色もあり、カラーリーフとして重宝。

ユーフォルビア
トウダイグサ科　一年草、多年草、低木　茂
鑑賞期 通年
高さ 10～100cm　葉色

品種が多く、一年草から多年草まで多数の形態を持つ。寄せ植えにはダイヤモンドフロストやキパリッシアスなどの草花タイプがおすすめ。

ヨーロッパブドウ
ブドウ科　低木　垂 広
鑑賞期 4月〜11月
長さ 50cm以上　葉色

ブドウらしい切れ込みのある葉がおしゃれ。葉はシックなブロンズグリーンで、秋が深まるごとに赤く紅葉する。小さな実も楽しめる。

ラミウム
シソ科　宿根草　広
鑑賞期 4月〜11月
高さ 10〜20cm　葉色

シソの葉を小さくしたような形。黄金、斑入り、銀白色などの品種がある。茂るタイプで寄せ植えの足元を飾る。高温多湿期は風通しよくする。

リシマキア
サクラソウ科　多年草　垂 広
鑑賞期 通年
高さ 5〜15cm　葉色

種類が多く、ライムカラーやダークグリーン、暗褐色のタイプがある。葉が地面を覆うようにしたり、鉢から垂らすようにして使っても。

ルメックス・サンギネウス
タデ科　多年草　広
鑑賞期 通年
高さ 15〜30cm　花色

緑葉に、赤い葉脈が入り、そのコントラストが美しい。主役の花色を葉脈の色と合わせるとうまくまとまる。乾燥とナメクジに注意。

ロータス
マメ科　宿根草　広
鑑賞期 通年
高さ 20〜70cm　葉色

よく使われるのはブリムストーン。ふわふわとした葉を持ち、枝先から葉にかけての薄黄色〜緑色に変化するグラデーションが美しい。

ロニセラ
スイカズラ科　低木　広
鑑賞期 通年
高さ 20〜60cm　葉色

いくつか葉色があり、明るく輝く葉は寄せ植えに明るさを与える。ふわりと枝を伸ばすので、軽やかさを出すのにも効果的。

ロフォミルタス
フトモモ科　低木　高
鑑賞期 通年
高さ 30〜150cm　葉色

丸く小さな葉が密につく。寄せ植えの花材で人気なのは、斑入りのマジックドラゴンや、チョコレート色の葉を持つキャサリン。

ワイヤープランツ
タデ科　低木　垂
鑑賞期 通年
高さ 5〜30cm　葉色

名前の通り、針金のような細いつるが伸び、小さく丸い葉を密につける。斑入りの品種は、軽やかさや明るさをもたらす効果がある。

ワイルドストロベリー
バラ科　多年草　広
鑑賞期 通年
高さ 10〜20cm　葉色

花、葉、実が楽しめる。葉は、濃い緑にクリーム色の斑が入るタイプや、ライムグリーンのものなどがあり、カラーリーフとして使える。

植物名INDEX

2～5章の主な植物名さくいんです。主役で使っている植物は黒い文字、わき役で使っている植物は青い文字で表記しています。また、わき役にも使っている主役の植物は、主役で使っているページ数を太字で表記しています。

監修　オザキフラワーパーク

1961年、東京都練馬区石神井台に園芸植物の生産業として創業。1975年、現在の園芸専門店として開店。その後続々と売場を拡大し、ペット用品、日用品、生花も扱い、造園、喫茶店、100円ショップ等を導入。駐車場を含め約3000坪の敷地にて営業している。首都圏最大級の品揃え、サービスを誇るガーデンセンターとして知られ、各都道府県の花市場が推薦する花の専門店「FIVE STAR」を付与される。

HP：https://ozaki-flowerpark.co.jp/
住所：東京都練馬区石神井台4丁目6番地32号
電話：03-3929-0544（代表）

STAFF

写真撮影	田中つとむ
デザイン・DTP	GRiD（釜内由紀江、五十嵐奈央子）
原稿作成	新井大介、齊藤綾子
校正	齊藤綾子、聚珍社
編集	新井大介

花の寄せ植え
主役の花が引き立つ組み合わせ

監修者　オザキフラワーパーク
発行者　池田士文
印刷所　大日本印刷株式会社
製本所　大日本印刷株式会社
発行所　株式会社池田書店
〒162-0851　東京都新宿区弁天町43番地
電話 03-3267-6821（代）／振替 00120-9-60072

落丁・乱丁はおとりかえいたします。

ISBN978-4-262-13633-2

24014503